KB074655

지식 제로에서 시작하는 수학 개념 따라잡기

통계의 핵심

Newton Press 지음
곤노 노리오 감수
김서현 옮김

청어람e

NEWTON SHIKI CHO ZUKAI SAIKYO NI OMOSHIROI !! TOKEI

www.newtonpress.co.jp

들어가며

내 성적으로 어느 대학에 합격할 수 있을까? 아이스크림과 빙수 중 뭐가 잘 팔릴까? 상품을 어떻게 배치해야 손님이 구매할까?

우리 주변에는 쉽게 판단할 수 없는 문제가 잔뜩 있다. 이럴 때 '통계'가 힘을 발휘한다. 통계를 활용하면 많은 데이터를 통해 다양한 일의 경향과 특징을 파악하고 사회 전체의 정보를 추측할 수 있다. 통계는 '의사 결정에 유용한 도구'라고 할 수 있다.

이 책에서는 사회 곳곳에서 활약하는 통계에 대해 흥미진진하게 설명한다. 시험을 칠 때 자주 들어보았을 편찻값, TV 시청률, 선거의 당선 확정 발표 등 익숙한 주제가 풍부하다. 이 책을 다 읽고 나면 통계로 사회를 이해하는 능력이 분명 갖춰질 것이다. 지금부터 통계의 세계에 푹 빠져보자!

차례

제2장 평균값과 정규분포로 데이터를 분석한다

제3장 편찻값과 상관으로 통계를 깊이 파헤친다

표준편차와 편찻값

상관

제4장 표본오차와 가설 검정을 터득하면 통계의 달인

우리 생활은 '통계'로 나타낼 수 있다

정부 지지율, 시청률, 평균수명. TV나 신문에는 다양한 비율이나 평균 등의 수치가 등장한다. 모두 통계에서 도출된 수치다.

통계에는 두 가지 역할이 있다. **하나는 주변 현상에서 모아들인 데이터의 의미를 한눈에 알 수 있게 한다.** 데이터의 특징은 그래프나 '평균' 등의 수치로 나타낸다.

일부의 데이터로 전체 모습을 예측한다

또 하나는 일부의 데이터로 전체 모습을 예측하는 역할이다. 예를 들어 선거의 출구조사에서는 일부 유권자에게 설문조사한 결과만으로 당선자를 예상할 수 있다.

경제, 정치, 의료 등등 세상의 모든 현상이 통계의 대상이다. 통계란 자연이나 사회에 나타나는 일들을 올바르게 이해하고 다양한 문제를 해결하기 위한 도구다. 통계를 활용하면 사람들은 더욱 합리적인 판단을 내릴 수 있다.

복잡한 사회를 해석한다

세상의 모든 일이 통계의 대상이다. 예를 들어 제일 아래에 있는 그래프는 나라별로 '평균수명'과 '소득'을 종합한 것이다. 원 하나가 나라 한 곳을, 원의 크기는 인구를 나타낸다. 소득이 높을수록 평균수명이 길어지는 경향을 파악할 수 있다.

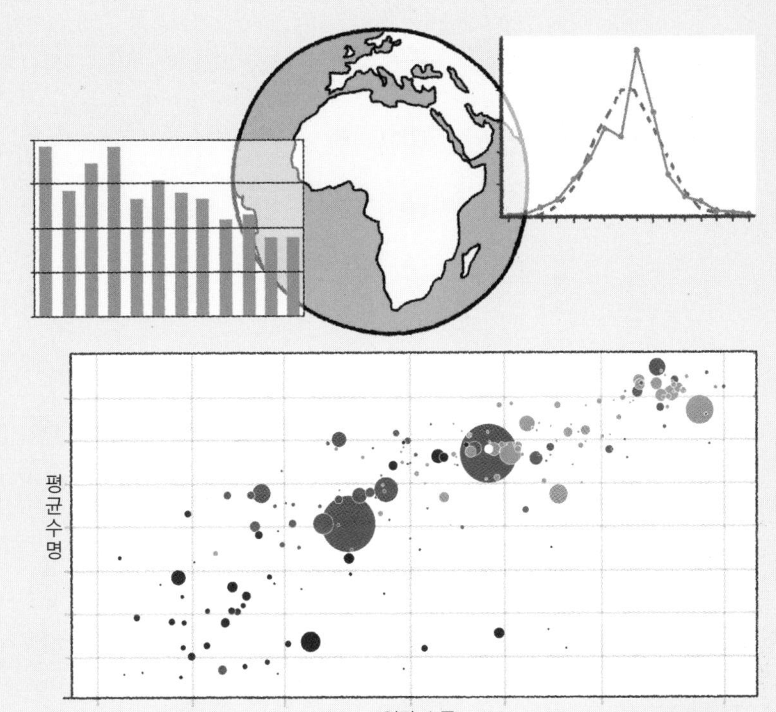

통계를 사용하면 여러 가지 사항들이
서로 관련을 맺고 있다는 사실도 알 수 있어.

제1장
통계는 데이터 입수에서 시작된다

통계는 데이터를 모으는 데에서 시작된다.
제1장에서는 데이터를 어떻게 모으고 활용하는지
여론조사나 생명보험 등을 예로 들어 소개한다.

조사와 통계

1 호수에 서식하는 물고기 수를 추측하는 방법

조사가 통계의 첫걸음이다

데이터를 조사하고 모으는 것이 통계의 첫걸음이다. **데이터를 잘 활용하면 일부만 조사해도 집단 전체의 정보를 추측할 수 있다.** 그러한 예를 알아보자. 미국 옐로스톤 호수에서는 외래 어종인 레이크 트라우트 때문에 골머리를 앓고 있다. 서식하는 개체 수를 알고 싶어도 모든 개체를 잡아서 셀 수는 없다.

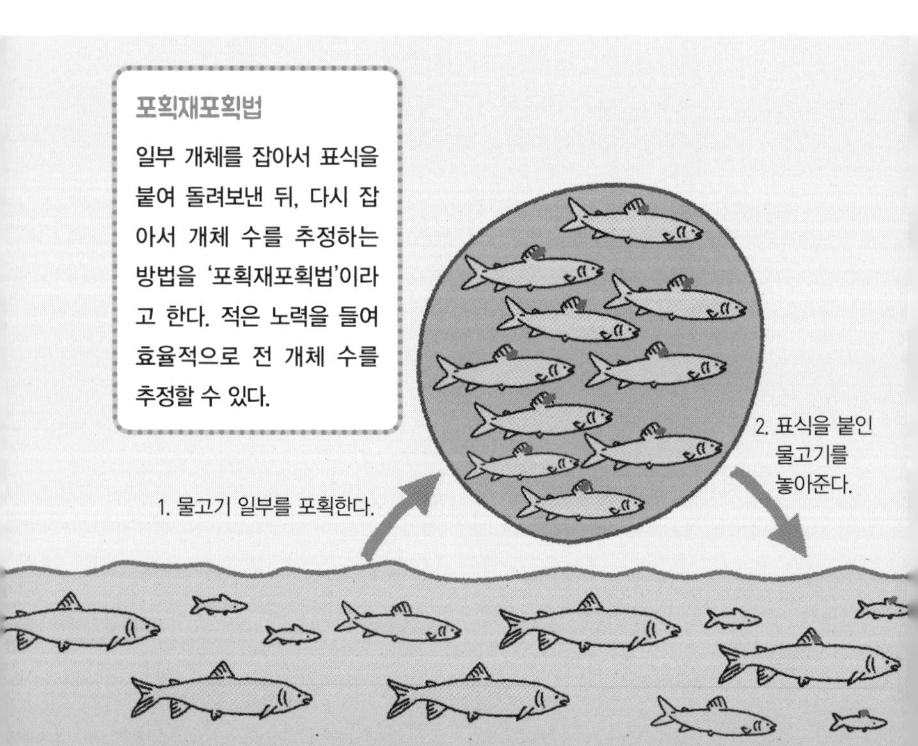

❖ 물고기를 잡아 표식을 붙이고 호수에 풀어준다

그래서 '포획재포획법'이라는 통계 기법이 활용된다. **먼저 레이크 트라우트를 몇 마리 잡아서 표식을 붙인다. 그리고 표식을 단 개체(레이크 트라우트)를 호수에 풀어 다른 물고기들 사이에 잘 섞이도록 한 다음, 다시 일부를 포획한다. 그중에 표식을 가진 개체가 얼마만큼 있는지 조사하면 전체 개체 수를 추측할 수 있다.** 예를 들어 10마리에 표식을 붙여 호수에 돌려보내고, 잘 섞였을 때 무작위로 10마리를 잡는다. 표식을 단 레이크 트라우트가 한 마리 섞여 있다면 잡은 물고기 중 10%가 표식이 붙은 물고기라는 뜻이다. 그러므로 호수 전체에도 표식이 붙은 물고기가 10% 있다고 할 수 있다. '전 개체 수×10% = 10마리'다. 따라서 레이크 트라우트 수는 100마리라고 추측할 수 있다.

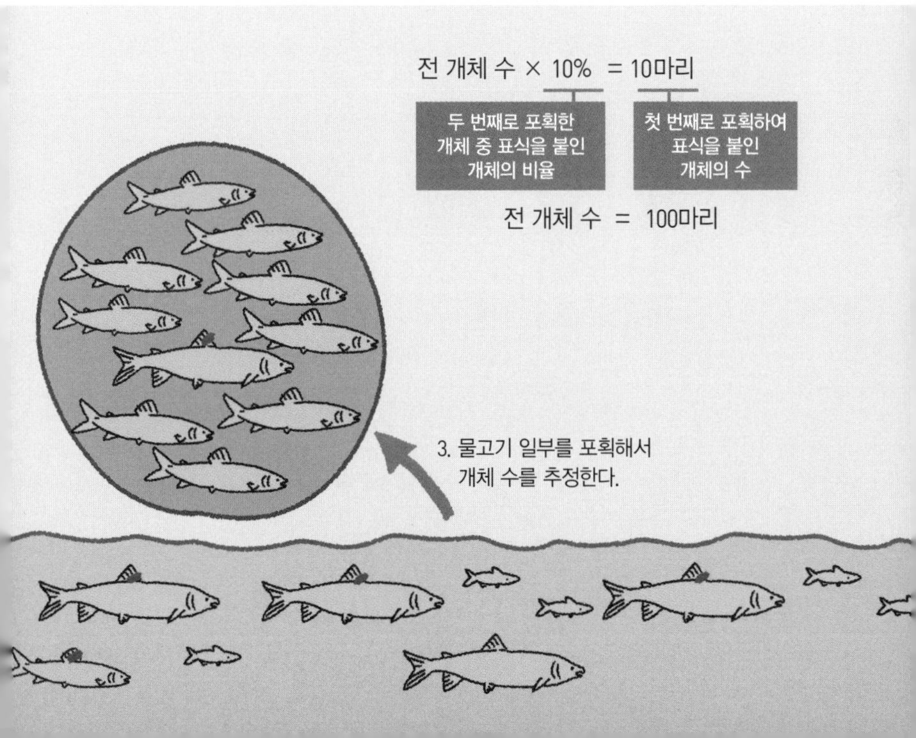

조사와 통계

2 여론조사는 1000명을 통해 1억 명의 생각을 추측한다

✤ 한 숟가락 가득 떠서 맛을 보는 것과 같다

정부 지지율을 비롯해 다양한 국민 의견을 조사하기 위해 '여론조사'를 실시하기도 한다. **전 국민에게 의견을 묻지 않더라도 불과 1000명의 의견을 기초로 전 국민의 생각을 추측할 수 있다.** 마치 냄비의 수프를 한 숟가락 가득 떠서 맛을 보는 것과 같은 이치다. 남녀의 성비나 연령 비율 등 다양한 요소를 전 국민과 똑같은 비율로 맞춘 '소수의 응답자 집단'을 선정하여 의견을 듣고 전 국민의 의견을 추측할 수 있다.

✤ 전화를 사용하여 조사한다

응답자를 무작위로 선정하면 전 국민과 구성이 거의 똑같은 1000명을 골라낼 수 있다. 신문사나 TV 방송국 등에서는 전화를 사용해 다음과 같이 조사 대상을 선정한다. 일본의 예를 들면 먼저 전화번호의 앞쪽 여섯 자릿수(지역별로 할당된 국번)를 무작위로 1만 개 선정한다. 그런 다음 전화번호의 뒤쪽 네 자릿수 숫자를 각각 무작위로 선정하여 전화번호 1만 개를 생성한다. 이 중 1600개 정도에 전화를 걸어 약 1000건의 응답을 얻을 수 있도록 조사한다. **이처럼 무작위로 응답자를 선정해 조사하는 것이 여론조사의 핵심이다.**

신문사의 여론조사

신문사에서 실시하는 여론조사의 이미지다. 일본의 경우 전화번호의 앞쪽 여섯 자릿수를 무작위로 1만 개 추출하고 뒤쪽 네 자릿수도 무작위로 추출한다. 그렇게 만들어진 번호에 전화를 건다.

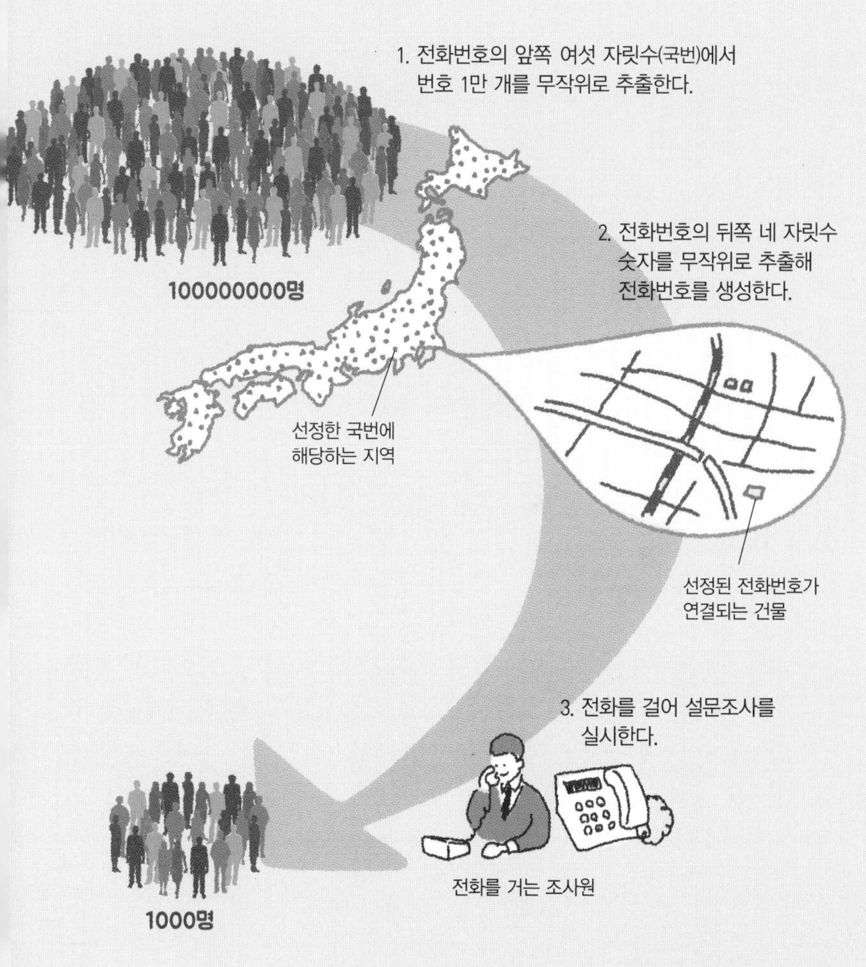

조사와 통계

3 완전히 빗나간 차기 대통령 당선 예측을 내놓은 잡지사

237만 명이나 되는 사람의 응답을 받았는데……

여론조사에서 '전 국민과 거의 구성이 같은 사람들에게 묻는 것'이 왜 중요한지를 말해주는 일화가 있다.

1936년 미국의 잡지 《리터러리 다이제스트》는 차기 대통령을 예측하기 위해 대규모 설문조사를 실시했다. 잡지 구독자, 전화나 자동차 소유자 등 1000만 명에게 엽서를 보내 '공화당 후보 랜든과 민주당 후보 루스벨트 중 누구에게 투표할 것인가'를 물었다. **그 결과 237만 명의 응답을 얻어 '랜든이 승리한다'라고 예상했다.**

설문조사의 대상이 부유층에 기울어 있었다

그러나 대통령 선거 결과 민주당의 루스벨트 후보가 승리했다. 전체 국민과 설문조사 응답자의 의견이 엇갈린 것이다. 설문조사의 대상이 된 '전화나 자동차를 소유한 사람'이 당시는 부유층에 쏠려 있었기 때문이다. **응답자를 무작위로 선정하지 않았기 때문에 루스벨트 후보를 지지하는 서민층의 의견을 놓치고 말았다.**

조사 결과와 선거 결과

리터러리 다이제스트의 조사에서는 공화당의 랜든 후보가 우세했다. 그러나 실제 선거에서는 민주당의 루스벨트 후보가 승리했다.

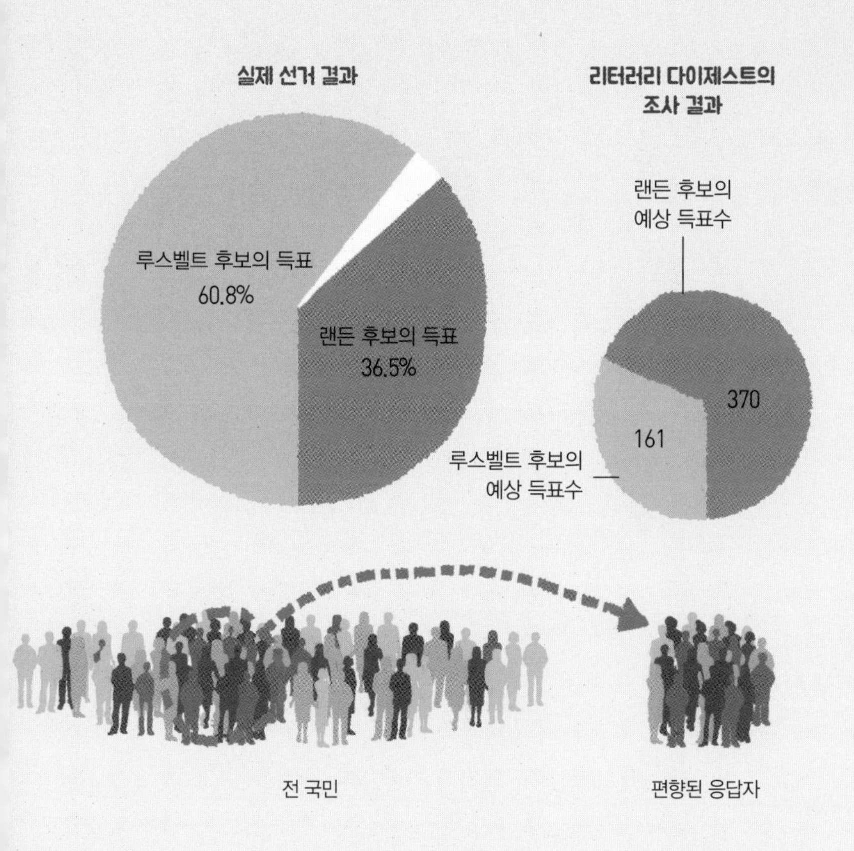

조사와 통계

직접 방문하여 조사하면 거짓 응답을 받을 가능성이 크다

조사 방법에 따라 장단점이 있다

여론조사에는 몇 가지 조사 방법이 있다. 각기 장점과 단점이 있다. **예를 들어 '방문면접법'은 조사원이 방문하여 응답을 받는 방식으로, 유효 응답률이 다른 조사 방법보다 높다는 장점이 있다.** 유효 응답률이란 '조사 대상으로 선정된 사람' 중 '조사에 협조하여 유효한 응답을 한 사람'이 차지하는 비율로, 유효 응답률이 낮으면 조사 결과가 한쪽에 치우치기 쉽다. 그러나 솔직한 응답을 얻기 어려울 수 있다는 단점이 있다.

한편 앞에서 채택한 '전화조사법'이나 질문지를 우송하면 응답자가 기입해 반송하는 '우편조사법'은 비용이 싸다는 장점이 있는 반면, 상대적으로 유효 응답률이 낮다는 단점이 있다.

여론조사가 아닌 조사

여론조사와 구별해야 하는 조사도 있다. 예를 들어 TV에서 길거리 설문조사를 시행하고 결과를 그래프로 보여주거나, 행인과 인터뷰를 하고 논평을 달기도 한다. **이러한 조사들은 여론조사와 달리 응답자를 무작위로 선정하는 것이 아니다. 어디까지나 의견의 하나라고 생각하자.**

조사 방법별 특징

방문면접법, 전화조사법, 우편조사법의 특징을 정리했다. 길거리 설문조사나 인터넷 조사는 대상을 무작위로 선정하지 않기 때문에 조사 결과를 해석할 때 주의해야 한다.

여론조사 방법

방문면접법

정직하게 응답하기 어려운 경우가 있다. 유효 응답률은 상대적으로 높다.

전화조사법

비용이 싸고 시간도 들지 않는다. 유효 응답률이 상대적으로 낮다.

우편조사법

비용은 싸지만 시간이 걸린다. 타인의 의견에 영향을 받기 쉽다. 유효 응답률은 상대적으로 낮다.

여론조사와 구별해야 하는 조사

길거리 설문조사

인터넷 조사

조사와 통계

미성년일 당시의 음주 경험을 고백하게 하는 응답의 무작위화

◆ 동전 던지기로 정직한 응답을 끌어낸다

'십 대에 술을 마신 적이 있는 사람의 비율'처럼 정직한 응답을 얻기 어려운 조사를 한다고 하자. 정직한 답을 얻기 위해 동전을 사용하는 방법이 있다. 먼저 질문자에게 보이지 않도록 응답자가 동전을 던지게 한다. 그리고 다음과 같이 알린다. "동전 앞면이 나온 분은 '예'라고 말씀해주세요. 뒷면이 나온 분 중 미성년자일 때 술을 마신 적이

질문 방식을 바꾸면…

'미성년일 때 음주를 한 적이 있습니까?'라는 질문은 정직한 대답을 얻지 못할 수 있다(왼쪽 그림). 응답의 무작위화로 정직한 대답을 얻기 쉬워진다(오른쪽 그림).

있는 분도 '예'라고 말씀해주세요." **이때 '예'라고 답한 이유가 동전의 앞면이 나왔기 때문인지, 미성년자일 때 술을 마신 적이 있기 때문인지 다른 사람은 구별할 수 없다.** 그렇기에 정직한 응답을 기대할 수 있다. 이 방법은 '응답의 무작위화'라고 불린다.

◆ 미성년 음주율을 추정할 수 있다

응답자 300명 중 200명이 '예'라고 대답했다고 하자. **동전을 던져서 앞면이 나올 확률은 2분의 1이므로 300명 중 150명은 동전 앞면이 나와서 '예'라고 대답했다고 추정할 수 있다.** 나머지 150명 중 '예'(미성년자일 때 술을 마셨다)라고 대답한 사람은 50명이다. '아니요'는 100명이다. 따라서 미성년 음주율은 약 33%라고 추정할 수 있다.

"동전을 던져서 앞면이 나온 분은 '예'라고 말씀해주세요. 동전 뒷면이 나온 분 중 미성년자일 때 술을 마신 적이 있는 분도 '예'라고 말씀해주세요"라고 물으면…

건배의 기원은?

술을 마실 때는 마시기 전에 으레 건배부터 한다. 건배는 언제부터 시작되었을까? **건배의 기원은 고대 그리스·로마 시대에 신들과 죽은 자를 위해 술잔을 주고받는 의식에서 시작되었다고 한다.**

훗날 그리스도교가 전파되면서 성모 마리아와 성인들에게 건배를 하는 관습으로 변하고, 나아가 자리에 함께한 사람들의 건강을 빌며 잔을 부딪쳤다. **잔을 서로 부딪치는 이유는 잔이 부딪치는 소리로 악마를 물리치기 위해서, 또는 상대방의 술잔에 술 방울을 튀겨서 독이 들어 있지 않다는 것을 증명하기 위해서라고 한다.**

일본에는 1854년 영일 화친조약을 체결할 때, 영국인이 전한 것으로 추측된다. 처음 건배사는 '만세'였다. 그러나 만세는 일본 국왕에 대한 축하를 의미했기 때문에 한자어로 '잔에 담긴 술을 남김없이 마신다'라는 의미의 '건배'를 쓰게 되었다고 한다.

보험과 통계

6 일본의 40세 남성은 1년에 약 0.1%가 사망한다

생명보험은 '사망률' 조사에서 시작되었다

지금부터 보험과 통계의 관계를 알아보자. 현대의 보험은 방대한 데이터와 통계학에 의존하고 있다. **사망률 조사는 핼리 혜성에 이름을 남긴 영국의 과학자 에드먼드 핼리가 1693년에 정리한 연령별 사망률 일람표에서 시작되었다.**

일본인 남성은 몇 살에 얼마만큼 사망할까?

연령별 사망률이란 특정 연령 집단 중 특정 연도에 사망한 사람의 비율이다. 오른쪽 그래프는 일본인 남성의 사망률을 나타낸다. **예를 들어 2015년의 30세 사망률은 30~31세 사이에 사망한 사람의 수를 30세 시점에 생존한 사람의 수로 나누어 구할 수 있다.** 그 값은 0.058%다. 그리고 2015년의 40세 사망률은 0.105%다. 1년 사이 40세에 해당하는 1000명 중 1명이 사망했다는 뜻이다.

그래프 전체를 보면 사망률은 막 출생한 시점에서 높게 나타나고 7~10세 무렵까지 계속 낮아진다. 그 후에는 연령이 높아질수록 상승한다. 또, 연도별로 그래프를 비교해보면 일본인 남성은 60년 사이 사망률이 낮아지고 더 많은 사람이 장수하게 되었다. 이러한 데이터를 기반으로 보험료가 정해진다.

일본의 남성 사망률

연도별로 그래프를 비교해보면 그래프 전체가 조금씩 밑으로 내려가고 있다는 것을 알 수 있다. 거의 모든 연령대에서 사망률이 낮아지고 있다는 사실을 보여준다.

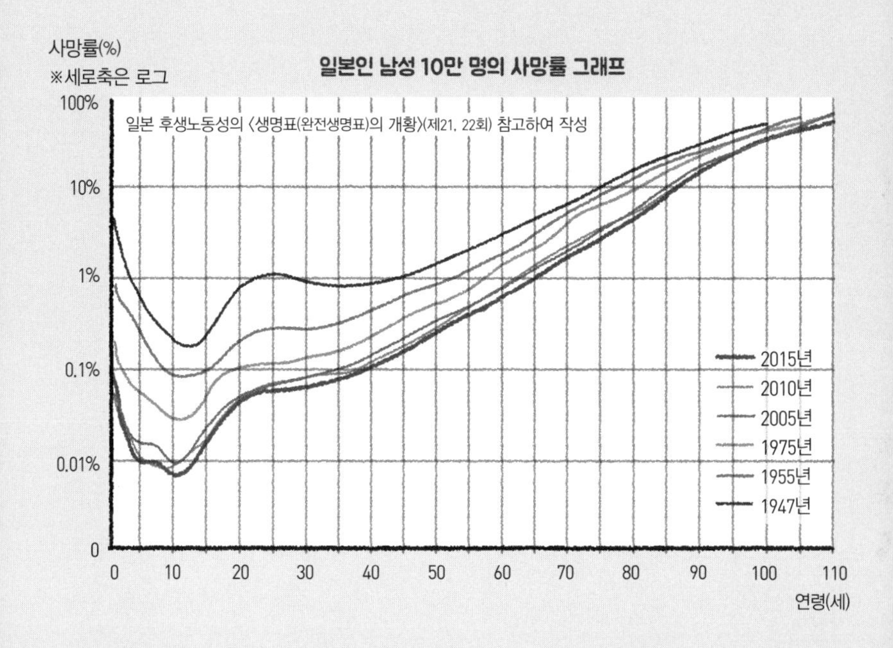

헬리 덕분에 사람이 나이를 먹을수록 사망자 수가 얼마만큼 늘어나는지 추정할 수 있게 되었어.

확률과 통계 덕분에 생명보험회사는 손해를 보지 않는다

사망률을 이용해 어떻게 보험료를 계산할까?

구체적으로 사망률을 이용한 보험료 계산 방식을 살펴보자. 오른쪽에 연령별로 본 일본 남성의 사망률을 표시했다. 이해하기 쉽도록 1년간의 보험 계약 기간 내에 사망하면 1억 원이 지급되는 생명보험으로 예를 들어보자.

보험회사가 지불하는 보험금을 가입자 전원이 부담한다

예컨대 연령별로 10만 명이 가입했다고 하자. **20세 남성의 연간 사망률이 0.059%이므로, 1년 동안 59명이 사망하리라 예상된다. 그 경우 보험회사가 지급하는 보험금 총액은 59명×1억 원=59억 원이다. 금리나 보험회사의 경비 등을 고려하지 않는다고 치면 59억 원을 가입자 10만 명이 부담하게 된다.** 계산하면 가입자 1인당 보험료는 5만 9000원이다. 사망률은 나이가 많아질수록 높아지므로 보험료도 따라서 높아진다.

게다가 실제로는 보험회사의 운영 경비도 들기 때문에 보험료는 더욱 높아진다. 보험회사는 통계 데이터에 기초하여 적자가 나지 않도록 보험료를 설정한다.

생명보험의 구조

계약 기간 1년 내 사망하면 1억 원이 보험금으로 지급되는 생명보험 모델을 나타냈다. 보험 가입자는 보험금 총액을 가입자 수로 나눈 금액을 부담한다.

연령별로 본 일본인 남성의 1년간 사망률(2018년)

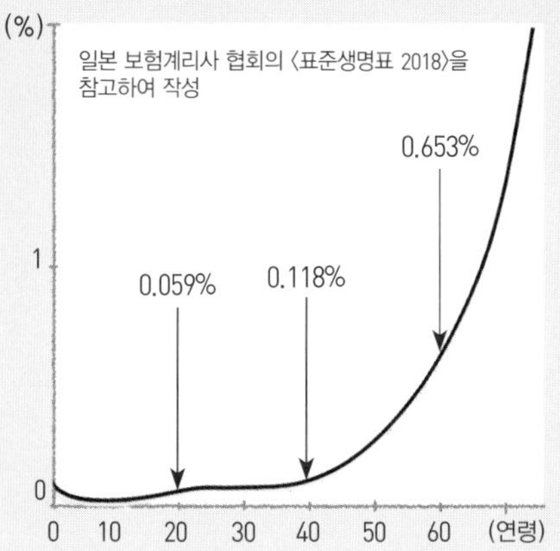

60세 가입자에게
지급하는 보험금은
10만 명×0.00653×1억 원
=653억 원

20세 가입자에게
지급하는 보험금은
10만 명×0.00059×1억 원
= 59억 원

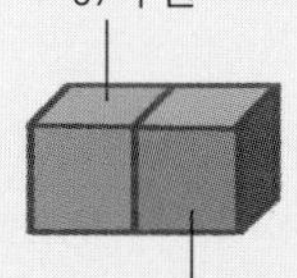

40세 가입자에게
지급하는 보험금은
10만 명×0.00118×1억 원
=118억 원

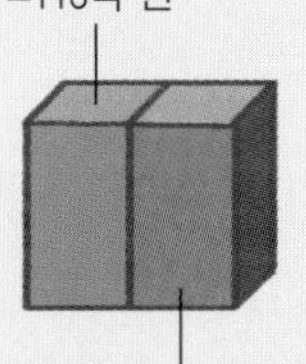

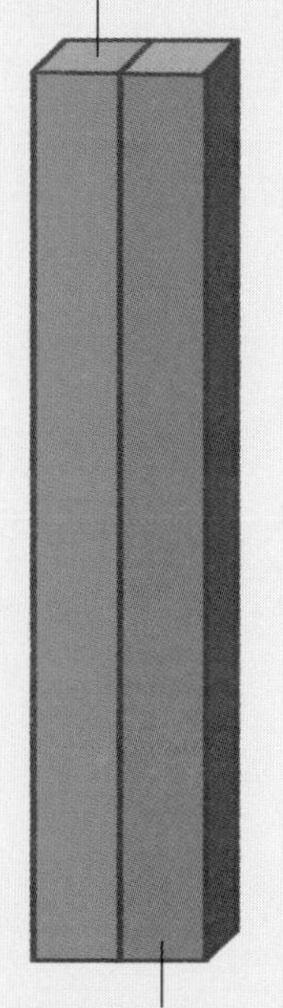

20세 가입자 전원의
보험료 총액은 59억 원,
1명당 부담금은
10만 명으로 나누면
5만 9000원

40세 가입자 전원의
보험료 총액은 118억 원,
1명당 부담금은
10만 명으로 나누면
11만 8000원

60세 가입자 전원의
보험료 총액은 653억 원,
1명당 부담금은
10만 명으로 나누면
65만 3000원

보험과 통계

8 10년간 보장하는 보험의 보험료 산출 방식

✦ 1년 만기 상품과 어떻게 달라질까?

앞에서 예로 든 보험은 '1년 이내 사망'을 보장하는 '1년 만기' 보험이었다. 이번에는 '10년 이내 사망'을 보장하는 '10년 만기' 보험을 생각해보자. 가입자는 30세 일본인 남성으로 보험금은 1억 원이며 가입자 수는 10만 명이라고 하자.

✦ 매년 사망자는 늘어나고 가입자는 줄어든다

보험회사가 지급하는 보험금은 첫 번째 해만 보면 1년 만기 보험과 같다. 그러나 **다음 해부터는 보험 가입자의 연령이 올라가므로 사망률도 조금씩 높아진다. 사망자 수가 증가하면서 지급되는 보험금의 액수가 해마다 늘어날 것이다. 그리고 가입자 중 일부가 사망하기 때문에 두 번째 해부터는 가입자가 감소한다.**

이 사실을 근거로 계산하면, 10년간 808명이 사망하여 보험금으로 808억 원이 지급되리라 추정된다. 한편 연도별 가입자 수 합계는 99만 6715명으로 추정된다. 따라서 계약자 한 명이 매년 내는 보험료는 808억 원÷99만 6715명 = 약 8만 1070원이다. **10년을 보장하는 생명보험에서는 보험금 지급액의 증가분을 포함해 보험료가 정해진다.**

10년 만기 생명보험

보험 가입자 중 사망자 수는 매년 늘어난다. 보험회사가 지급하는 보험금이 늘어나는 반면 보험료를 납입하는 가입자는 줄어든다. 그래서 1년 만기 상품보다 보험료가 높아진다.

10년 만기 생명보험의 구조

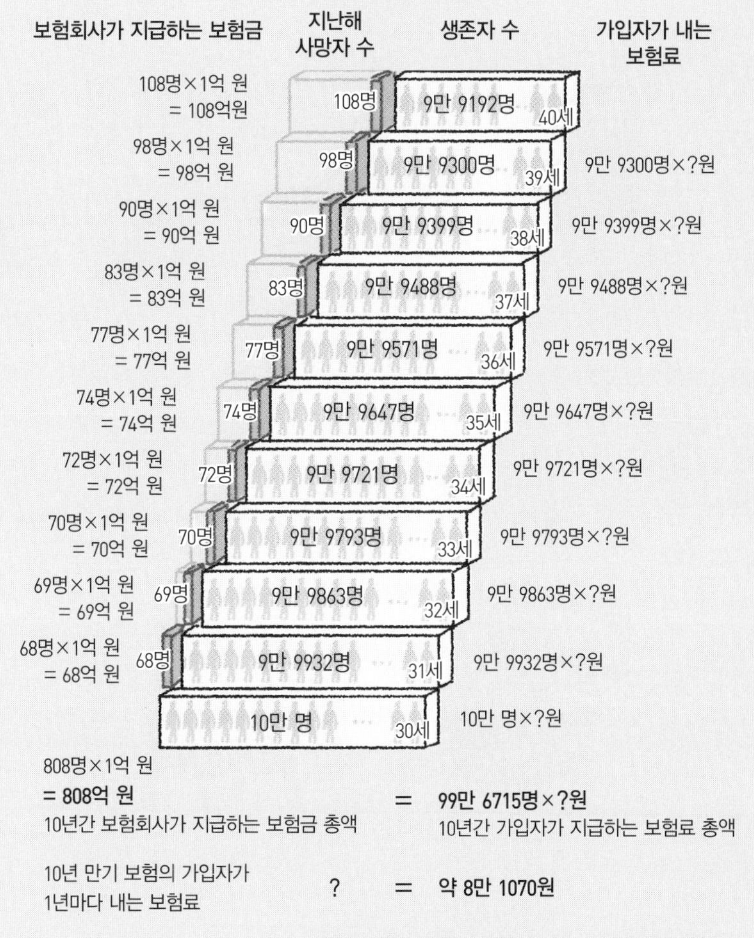

보험금이 최고 15억 원에 달하는 가슴털 보험

생명보험, 재해보험, 자동차보험 등 다양한 보험이 있지만, 해외에는 믿기지 않을 만큼 특이한 보험도 있다. 예를 들면 영국의 가슴털 보험이다. **우연한 사고로 원래 있던 가슴털의 85%를 잃으면 최고 100만 파운드(약 15억 원)가 지급된다.**

동양인으로서는 얼핏 이해가 가지 않는 보험일지도 모른다. 애초에 서양인과 동양인은 가슴 털에 대한 사고방식이 다르다. **나라에 따라서는 가슴털이 많으면 많을수록 남자답고 강해 보인다고 생각한다.** 반대로 가슴털이 적으면 콤플렉스를 느낀다고 한다. 그렇기에 가슴털을 지킬 가치가 있는 것이다.

그 밖에 특이한 보험으로는 외계인에게 납치되었을 때를 대비한 보험, 유령에게 공격당해 다쳤을 때를 대비한 보험, 유괴되었을 때 몸값을 보상하는 보험 등이 있다. 보험에는 그 나라의 가치관이 드러난다고 할 수 있다.

데이터 마이닝

영수증은 보물산!? 데이터로 잘 팔리는 물건을 찾아낸다

영수증을 분석해서 함께 묶어 팔기 좋은 상품을 찾는다

지금부터는 '데이터 마이닝'이라는 통계 데이터 활용법을 알아본다. **'마이닝'이란 캐낸다는 의미로, 데이터 마이닝은 산처럼 쌓인 데이터 속에서 유용한 정보를 찾아내는 기술이다.** 여기서는 슈퍼마켓 영수증을 분석해 '다른 상품과 묶어 팔기 좋은 상품'을 찾아보자(아래 그림). 그저 영수증을 죽 늘어놓아서는 어떤 상품 조합이 잘 팔리는지 알 수 없

고객의 숨겨진 취향을 알아낸다

영수증을 분석하면 유용한 정보를 알아낼 수 있다. 예를 들어 고객이 맥주를 샀을 때, 튀김을 추천하면 함께 살 가능성이 크다는 것을 알 수 있다.

다. 그러므로 손님이 사 간 상품을 표로 만들어본다. 그중 많이 팔린 네 가지 품목으로 범위를 좁혀서, 이 상품들이 함께 팔릴 확률을 계산한다. 그러면 간식거리를 사는 손님은 주스를 반드시 사며, 튀김을 산 손님은 75%의 확률로 맥주를 산다는 걸 예측할 수 있다.

다음에 사 갈 법한 물건을 예측할 수 있다

단지 산처럼 쌓아놓기만 한 영수증 더미는 아무 쓸모도 없지만, 데이터를 잘 정리하면 보물을 캐내는 산이 된다. 미국의 슈퍼에서는 팔린 물건을 통해 손님이 다음에 구매할 법한 상품을 예측하여 쿠폰을 보내거나, 날씨를 분석해 허리케인이 닥치기 전에 어떤 과자가 잘 팔리는지 알아낸다고 한다.

슈퍼나 편의점에서 나도 모르게
너무 많이 사는 건 데이터 마이닝 때문?

	간식거리	차	신문	주먹밥	빵	맥주	주스	튀김	도시락
①20대 여성	1						1	1	
②20대 남성						1		1	
③30대 남성		1	1						1
④20대 남성				1		1		1	
⑤10대 여성		1			1				
⑥30대 남성	1			1		1	1	1	
⑦60대 남성	1						1		
합계	3	2	1	2	1	3	3	4	1

팔린 상품을 표로 정리한다.

	간식거리	맥주	주스	튀김
①20대 여성	1		1	1
②20대 남성		1		1
③30대 남성				
④20대 남성		1		1
⑤10대 여성				
⑥30대 남성	1	1	1	1
⑦60대 남성	1		1	
합계	3	3	3	4

잘 팔린 상품으로 좁힌다.

	간식거리	맥주	주스	튀김
간식거리		33	100	67
맥주	33		33	100
주스	100	33		67
튀김	50	75	50	

함께 팔릴 확률을 계산한다.

데이터 마이닝

10 자동차 내비게이션으로 통행이 가능한 경로를 판별

빅 데이터에서 정보를 찾아낸다

데이터 마이닝의 대상으로 '빅 데이터'가 주목받고 있다. **빅 데이터란 쉽게 말하면 '기업이 매일 일어나는 활동을 기록하는 방대한 데이터'다.** 예를 들어 휴대전화나 자동차 내비게이션 시스템에 기록된 위치 정보, 신용카드회사가 처리하는 거래 이력, 웹 사이트에 입력되는 검색어 등이 있다.

재해가 일어난 직후, 다닐 수 있는 길을 보여주다

빅 데이터가 어떻게 활용되는지 한 예로 자동차 내비게이션을 보자. 혼다 자동차는 자동차 내비게이션 시스템 '인터 내비'를 탑재한 차량에서 익명성이 보장되는 주행 데이터를 수집한다. 이 데이터는 차량정체를 피해 목적지까지 가는 최적 경로를 안내하는 데 활용된다.

2011년 3월 11일 동일본 대지진이 발생한 직후, 혼다 자동차는 현재 통행이 가능한 길이 어디인지 시각화하여 인터넷에 공개했다. 정보는 매일 갱신되어 재난지역에 사는 사람이 이동할 때나 자원봉사자가 재난지역으로 향할 때 도움이 되었다.

자동차 내비게이션 정보의 활용

자동차 내비게이션 정보가 활용되는 이미지를 그렸다. 앞으로 빅 데이터를 활용할 때는 사생활과 편리성·공익성 사이의 균형을 잡아야 한다.

3. 도로 상황을 자동차 내비게이션에 표시한다.

정규분포를 발견한 사람

* 정규분포는 제2장에서 자세히 소개한다.

수면 시간이 길어진다

좋은 아침
잘 잤다.

다음 날
15분 늦잠
너무 잤네.

다음 날
벌떡
또 늦잠을 잤어!?

이윽고…
……
수면 시간이 길어지는 기이한 병에 걸렸다고 한다…….

제2장
평균값과 정규분포로 데이터를 분석한다

통계는 수집한 데이터를 어떻게 나누느냐가 관건이다.
제2장에서는 그래프를 이용한 데이터 분석을 소개한다.

2015년 일본의 남성 사망자 중 가장 많은 연령은 87세

그래프로 표현하면 다양한 사실이 보인다

지금부터 그래프를 활용하여 통계 데이터를 분석해보자. 그래프로 나타내면 다양한 사실을 알 수 있다. 오른쪽 그래프는 일본의 남성 출생자 10만 명이 연령별 사망률에 따라 사망한다고 가정했을 때의 사망자 수 추이를 그린 것이다.

폭이 넓은 그래프에서 뾰족한 그래프가 되었다

해가 갈수록 그래프의 형태가 변하면서 약 70년 만에 많은 일본인이 전보다 장수하는 사회가 된 사실을 알 수 있다. 가장 오래된 1947년의 그래프에서는 1세까지 5000명 이상의 남아가 사망했다. 사망자 수는 70세를 전후하여 정점에 이른다. 2015년의 그래프를 보면 3세 이하 남아 사망자 수가 매우 감소한 것을 알 수 있다. 또, 70대 중반까지 모든 연령에서 사망자 수가 감소했다. 2015년의 사망자 수는 70대부터 급격히 늘어나 87세에 정점에 도달한다.

전체적으로는 '폭넓은 분포 = 다양한 연령대에서 많은 사망자가 나오는 사회'에서 '뾰족한 정점이 좀 더 오른쪽에 위치하는 분포 = 많은 사람이 장수하는 사회'로 바뀌었다.

일본의 남성 사망자 수 추이

사망자 수를 그래프로 나타내면 사회의 변화를 파악할 수 있다. 사람들의 생애를 기록하고 분석하여 그래프로 나타내면 다양한 패턴이 드러난다.

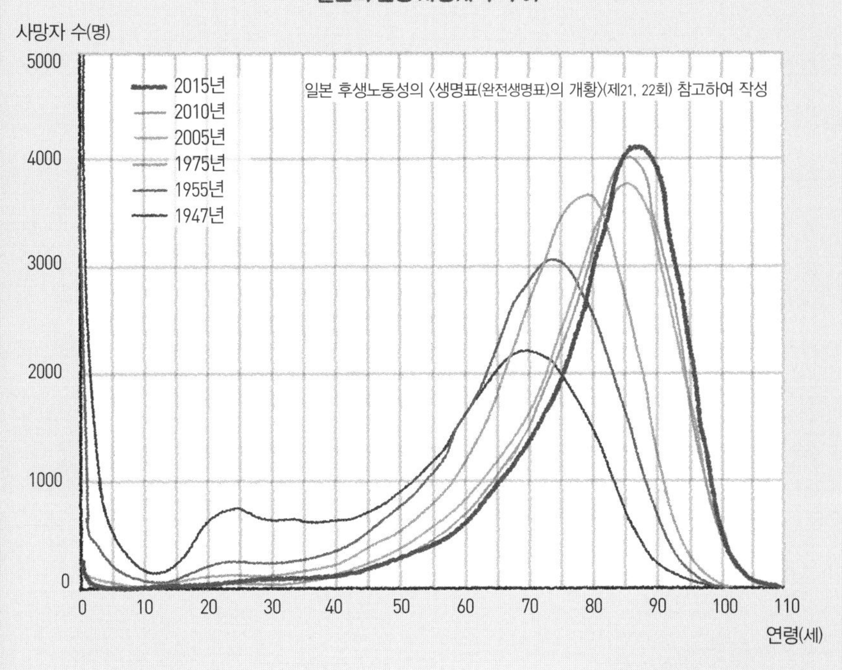

약 70년 만에 그래프 형태가
많이 달라졌어.

그래프와 평균값

정말로!? 일본의 평균 저축액은 약 1300만 엔

평균값의 함정

데이터의 특징을 나타내기 위해 흔히 '평균값'을 사용한다. 평균값이란 '모든 값의 총합을 데이터의 개수로 나눈 것'을 말한다. 단, 평균값에는 함정이 있다.

뜬금없지만 '근로소득이 있는 세대의 평균 저축액은 1327만 엔이다'라는 말을 들으면 어떤 생각이 드는가? '나는 저축이 얼마 안 되는데!' 하고 놀랐다면 '평균값 부근에 있는 사람의 수가 가장 많다'라고 무의식적으로 판단했기 때문이다. **오른쪽의 저축액 분포를 보면 가장 비율이 높은 액수는 100만 엔(약 1100만 원) 미만으로 11.8%를 차지한다.** 그리고 저축액이 많은 세대일수록 전체 세대에서 차지하는 비율이 낮다. **저축이 많은 극히 일부 세대가 평균값을 올려놓은 것이다.**

'최빈값'과 '중앙값'은 평균값의 결점을 보완한다

평균값은 자주 사용되지만, 실태와는 다른 인상을 주기도 한다. 그럴 때는 자료 분포에서 가장 비율이 높은 값인 '최빈값'을 사용하면 된다. 저축액의 최빈값은 100만 엔 미만이다. 그리고 데이터를 크기 순으로 늘어놓았을 때, 한가운데에 위치하는 값인 '중앙값'을 사용할 수도 있다. 저축액의 중앙값은 792만 엔(약 8712만 원)이다.

저축액 분포

일본의 근로소득이 있는 2인 이상 세대의 저축액 그래프다(2017년). 평균값은 1327만 엔이지만 저축액이 1200만 엔에서 1400만 엔 사이인 세대가 차지하는 비율은 불과 5.2%다.

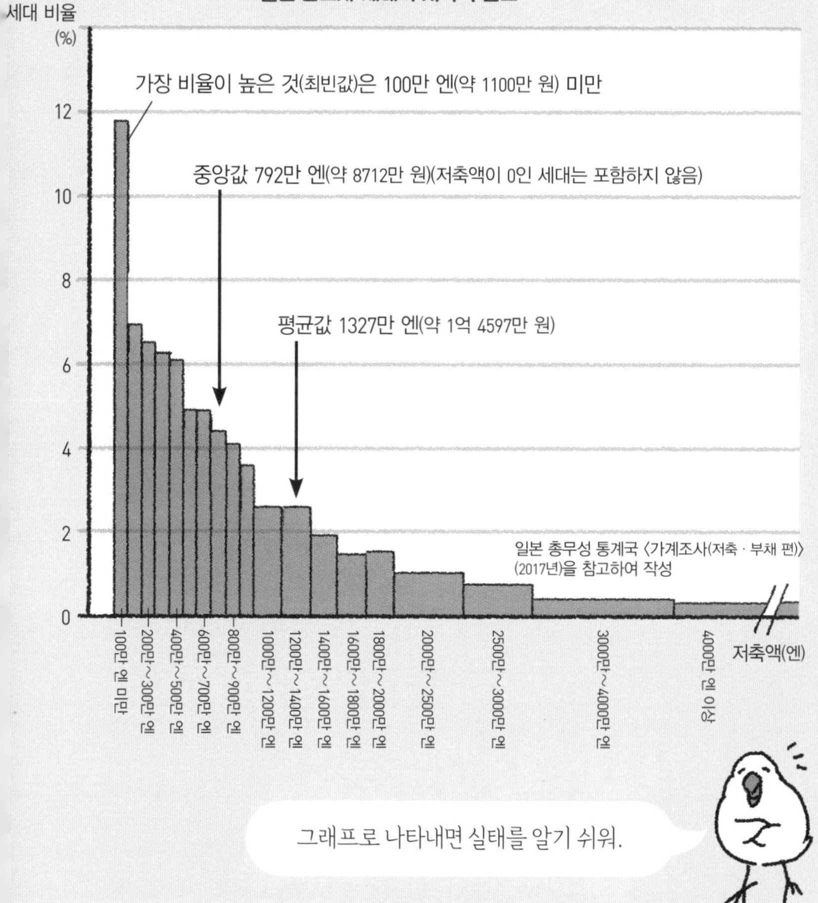

그래프로 나타내면 실태를 알기 쉬워.

평균 저축액 순위

지자체별 평균 저축 순위를 보도록 하자. 오른쪽 표*는 2인 이상 세대의 2017년 평균 저축액이다. 여기에는 근로소득이 없는 세대도 포함되어 있으며 전국 평균 저축액은 1812만 엔이다. **저축액 1위는 나라 2503만 엔, 2위 요코하마 2328만 엔, 3위 도쿄 특별구** ** **2295만 엔이다.** 수도권인 요코하마나 도쿄 특별구가 상위권을 차지하는 것은 이해가 가지만 나라가 1위라는 사실은 의외일 것이다.

하위권을 보면 아오모리가 882만 엔으로 46위, 나하가 838만 엔으로 47위이고 두 지역 모두 1000만 엔을 밑돈다. 1위인 나라와 비교하면 고작 3분의 1 수준이다.

나라는 평균 월수입 순위는 7위이고, 물가 순위는 41위였다. 소득이 높은 데 비해 지출이 적다는 점이 저축액 1위가 된 원인일지도 모른다.

* 출처 : 일본 총무성 통계국 〈가계조사(저축 · 부채 편)〉
** 역주 : 총 23개 구로 구성된 도쿄의 핵심 지역

지자체별 저축액 순위

상위 10개 도시

순위	도시명	저축액
1	나라	2503
2	요코하마	2328
3	도쿄 특별구	2295
4	사이타마	2263
5	고베	2261
6	지바	2234
7	나고야	2152
8	우쓰노미야	2135
9	오카야마	2112
10	히로시마	2083

하위 10개 도시

순위	도시명	저축액
38	마쓰야마	1408
39	고치	1391
40	미토	1354
41	아키타	1287
42	구마모토	1264
43	돗토리	1244
44	삿포로	1238
45	미야자키	1063
46	아오모리	882
47	나하	838

(단위 : 만 엔)

프로 야구 선수는 4~7월생이 많다?

아래 그래프는 프로 야구 선수들이 태어난 달의 분포다. 신기하게도 4~7월생의 선수가 많고 2~3월생의 선수가 가장 적다는 사실을 알 수 있다. 그렇다고 해서 4~7월에 태어난 아이는 운동능력이 높다는 뜻은 아니다.

만약 생일이 같은 6세 아이와 7세 아이가 달리기 경주를 하면 좀 더 성장한 7세 아이가 유리할 것이다. **마찬가지로 4~7월생인 학생은**

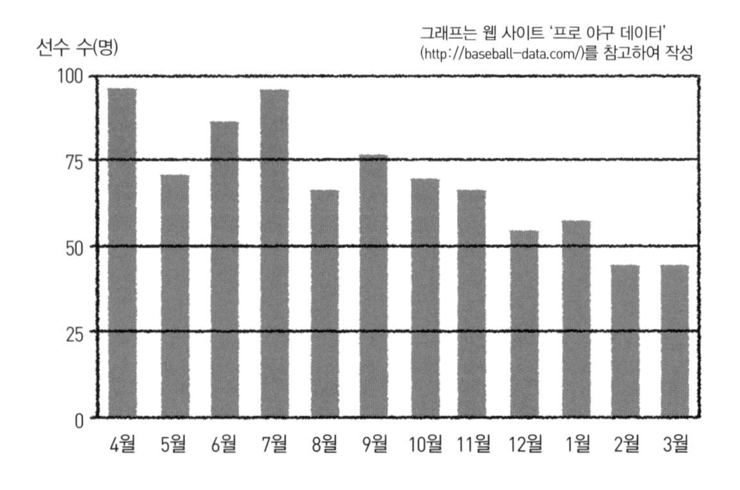

같은 학년의 다른 학생보다 성장이 빠르므로 스포츠에서 좋은 성적을 내기 쉽다. 이것을 '상대 연령 효과(Relative age effect)'라고 한다.

상대 연령 효과는 나이를 먹으면서 줄어드는데, 왜 프로 야구 선수 집단에도 상대 연령 효과의 영향이 나타나는 것일까? **그 이유는 4~7월생인 야구 소년이 같은 학년의 다른 야구 소년보다 자주 칭찬받고 발탁되는 일이 많아서 야구 재능을 키울 수 있었기 때문일 것이다.**

정규분포

자연계에서 가장 일반적인 형태의 데이터 집합인 정규분포

좌우대칭인 산 모양을 이루는 분포

통계 데이터를 그래프로 나타내면 좌우가 대칭인 산 모양의 곡선을 그릴 때가 많다. 어느 학교 남학생의 키를 예로 알아보자.

17세 남학생의 키를 측정해보니 평균 175cm였다. 학생들을 2cm 간격으로 나누어 각각 일렬로 줄을 세웠더니 오른쪽 그림과 같았다. 평균값을 포함하는 174cm 이상, 176cm 미만인 열을 중심으로 좌우대칭인 산 모양을 이룬다. **이처럼 각 데이터가 좌우대칭인 산 모양을 이루는 분포를 '정규분포(normal distribution)'라고 한다.**

통계 분석 곳곳에서 등장한다

정규분포는 신장 이외에도 학교 시험 점수 같은 주위의 다양한 현상에서 볼 수 있다. 또한 통계 분석 곳곳에서 등장한다. 예를 들어 시청률 추정, 여론조사, 공장의 품질관리 등에 이용된다. 정규분포의 특징을 자세히 알아보자.

교회의 종 모양으로도 보인다!?

정규분포가 그리는 곡선은 그래프 끄트머리 쪽에서 감소가 완만해진다. 그래서 교회의 종 모양처럼 보이므로 '벨 커브'라 불리기도 한다. 정규분포는 아브라함 드무아브르(1667~1754)가 발견했다.

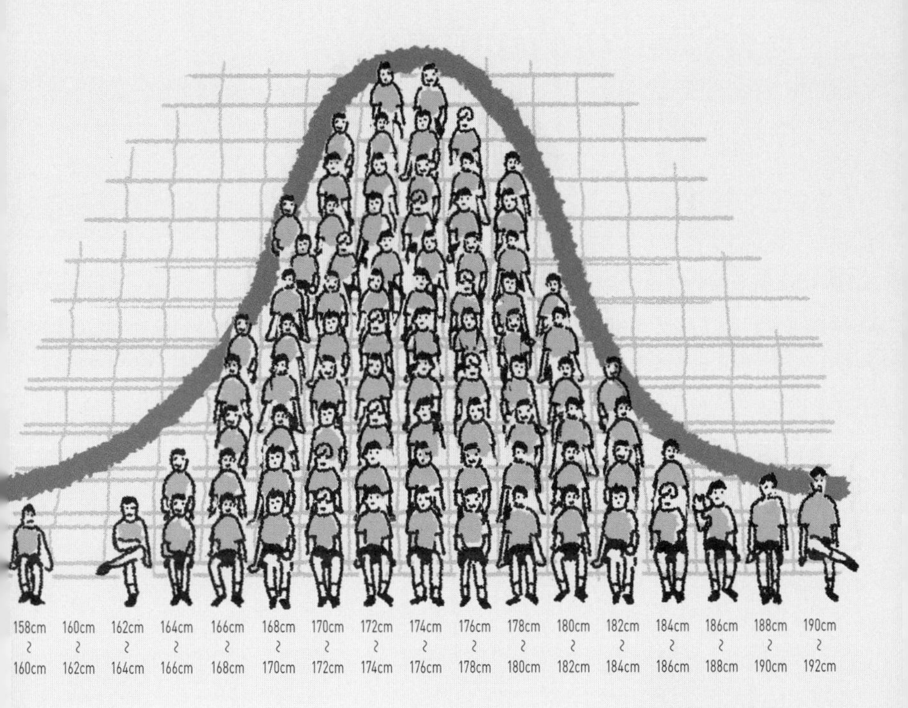

정규분포에서는 평균값, 최빈값, 중앙값이
모두 일치하고 그래프의 산꼭대기 위치에 와.

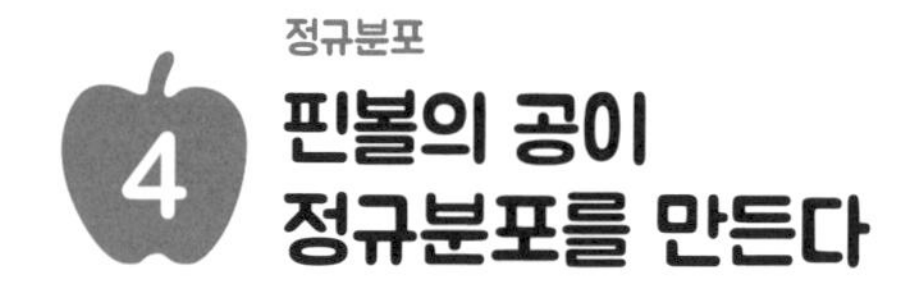

정규분포

핀볼의 공이 정규분포를 만든다

중앙에 공이 모여 산 모양의 분포를 이룬다

오른쪽 그림과 같이 핀볼을 할 때 위에서 공을 넣으면 아래에 쌓인 공은 자연히 정규분포를 그린다. 핀에 부딪힌 공이 50%의 확률로 오른쪽이나 왼쪽으로 간다고 했을 때, 오른쪽으로만 또는 왼쪽으로만 가는 공은 거의 없다. 반면에 오른쪽으로 가는 횟수와 왼쪽으로 가는 횟수가 비슷한 공이 많다. **그러면 도중의 경로가 다르더라도 중앙 부근에 도달한다. 따라서 중앙에 공이 많이 모여 산 모양의 분포를 이룬다.**

양자택일로 정규분포가 나타난다

핀볼의 공은 '오른쪽 아니면 왼쪽'의 양자택일을 반복한다. **이처럼 양자택일을 반복하며 나타나는 분포를 '이항분포'라고 한다. 그리고 양자택일 횟수가 많을수록 이항분포는 정규분포에 가까워진다.** 핀볼을 예로 들면 '공이 핀에 부딪혀 오른쪽이나 왼쪽으로 움직이는' 횟수가 많을수록 밑에 쌓이는 공의 분포는 정규분포에 가까워진다.

정규분포를 이루는 핀볼

핀볼에서는 공이 핀에 부딪힐 때마다 오른쪽이나 왼쪽으로 간다. 오른쪽으로 갈 확률과 왼쪽으로 갈 확률이 같을 때, 아래에 쌓인 공은 정규분포를 그린다.

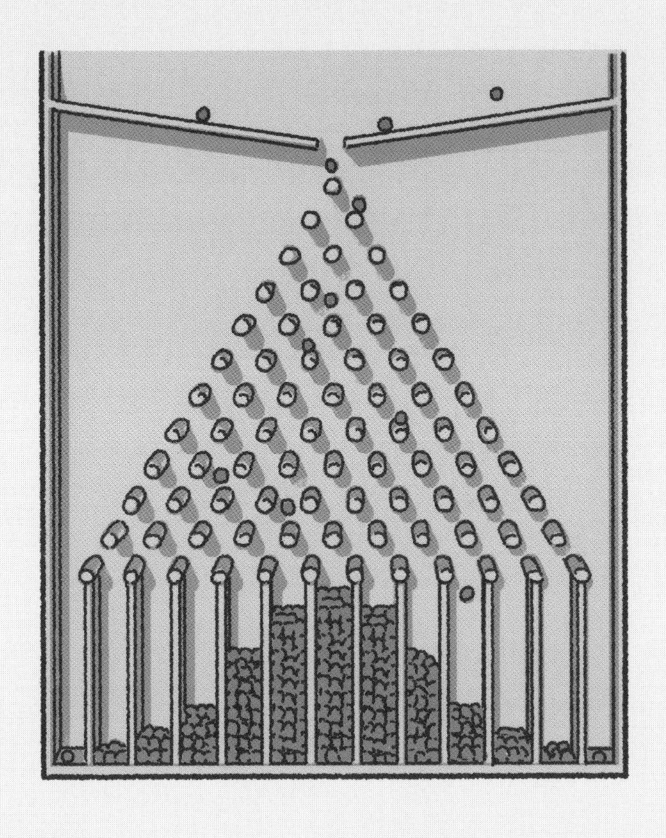

정규분포

5 정규분포를 이용하여 빵집이 부린 속임수를 간파하다!

정점이 1kg이 아니라 950g

프랑스의 수학자 앙리 푸앵카레(1854~1912)는 정규분포의 성질을 이용해 빵집의 거짓말을 알아냈다는 일화가 있다. 푸앵카레는 매일 사던 '1kg짜리 빵'의 무게를 1년 동안 조사하여 무게의 분포를 그래프로 작성했다. **그랬더니 대략 950g을 정점으로 한 정규분포가 나타났다고 한다(오른쪽 위 그래프). 즉, 빵집은 950g을 기준으로 빵을 굽고 있었다.**

그 후 빵집은 이전보다 큰 빵을 푸앵카레에게 건네주었다. 그러나 계속해서 무게를 조사해보니 무게 분포의 정점은 여전히 950g 정도였고 좌우대칭인 정규분포를 이루지 않았다(오른쪽 아래 그래프). 빵집은 950g을 기준으로 한 빵을 계속 구우면서 푸앵카레에게는 커 보이는 빵을 내주었을 뿐이다.

문제가 생겼다고 추측할 수 있다

어떤 현상을 그래프로 그리면 정규분포를 이룬다는 사실을 알 경우, 그래프 형태가 정규분포에서 벗어났을 때, 문제가 생겼다고 추측할 수 있다. 실제로 제조업에서는 부품의 품질을 조사할 때 정규분포를 활용한다.

정점은 변하지 않았다

그래프의 가로축이 빵의 무게, 세로축이 개수다. 아래가 속임수를 지적한 후의 그래프로, 평균은 950g 이상이 되기는 했으나 여전히 950g 전후인 빵이 가장 많았다.

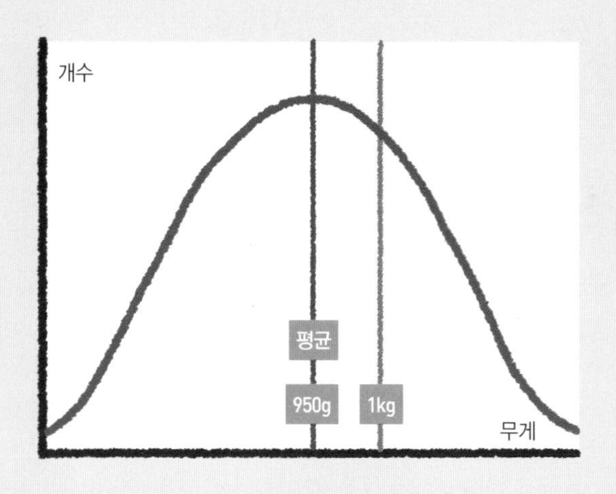

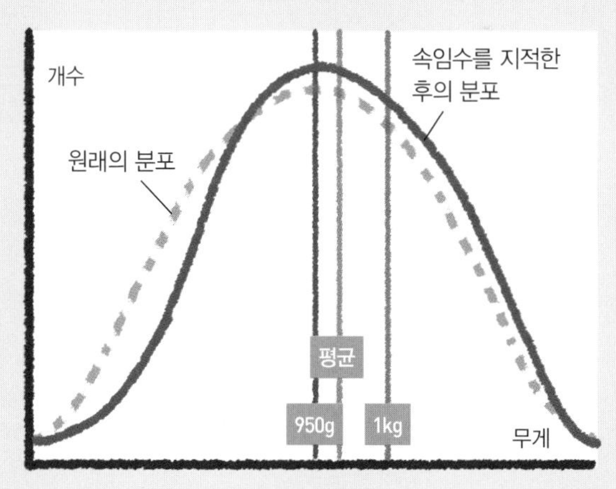

정규분포

6 프랑스군에는 키가 157cm인 젊은이가 적다!?

키의 데이터가 정규분포에서 어긋나 있다

정규분포로 거짓말을 간파한 다음과 같은 예도 있다. 벨기에의 통계학자 아돌프 케틀레(1796~1874)는 프랑스군의 징병검사에서 측정한 젊은이들의 키 분포에 이상한 점이 있다는 사실을 발견했다.

아래의 키 분포 그래프를 보면, 정규분포처럼 평균 전후의 키에 해

징병검사의 키 분포

프랑스의 징병검사 기록을 통해 추정한 젊은이들의 키 분포다. 157cm를 전후한 부분이 한눈에 봐도 정규분포에서 어긋나 있다.

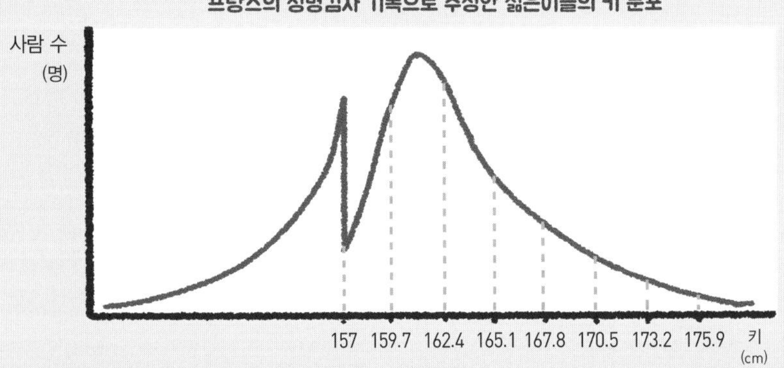

당하는 사람이 많다. 그러나 157cm를 전후한 부분이 정규분포에서 어긋난다. **157cm보다 약간 큰 사람이 적고, 반대로 157cm보다 약간 작은 사람이 극단적으로 많았다.**

일부 젊은이의 거짓말이 기록에 남다

케틀레는 그 이유를 다음과 같이 추측했다. 당시 프랑스군은 157cm 이상인 젊은이를 징병했다. 그래서 157cm보다 약간 큰 젊은이 중, 징병되기 싫은 사람들이 키를 작게 속였다는 것이다. **그 결과 정규분포가 무너져서 157cm를 웃도는 사람은 실제보다 적고, 157cm를 밑도는 사람은 실제보다 많이 기록되었다.**

왼쪽 그래프는 『지식의 통계학2』(후쿠이 유키오 저, 교리쓰출판주식회사)를 기초로 작성

정규분포

7 스모 선수들의 승부 조작이 통계 분석으로 드러나다!?

7승 8패나 8승 7패가 많을 것이라 예상했는데

통계를 이용한 분석이 큰 파문을 불러온 예도 있다. 미국의 경제학자로 시카고대학 교수인 스티븐 레빗 박사가 프로 스모 대회인 오즈모에서 승부 조작이 있음을 시사하는 분석을 발표했다. 레빗 박사는 대회별 스모 선수의 승패 수에 주목하여, 만일 모든 선수의 실력이 동일하다면 승리 횟수는 오른쪽 아래의 점선 그래프와 같은 곡선을 그

승리 횟수의 분포

그래프는 모든 선수의 실력이 똑같다고 가정했을 때의 승리 횟수 분포와 1989~2000년의 승리 횟수 분포다. 예상 밖의 결과가 이어졌을 가능성도 생각할 수 있다.

릴 것이라고 생각했다. **즉, 7승 8패나 8승 7패를 기록한 선수가 가장 많고, 전승(=우승)하는 선수나 전패하는 선수는 거의 없다고 보았다.**

7승 8패가 극단적으로 적다

실제 승패 수(실선 그래프)를 보면 대개 점선과 일치한다. 그러나 7승 8패를 한 선수가 극단적으로 적고, 8승 7패를 한 선수가 극단적으로 많다는 사실을 알았다. **레빗 박사는 이 사실에 근거하여 8승 달성이 위태로운 일부 선수가 8승을 채운 선수에게 승리를 양보받았을 가능성이 있다고 지적했다.** 이러한 분석이 곧 승부를 조작했다는 증거는 아니지만, 문제 발생 사실을 알아채고 조사의 초점을 정할 수 있다는 점에서 유용하다.

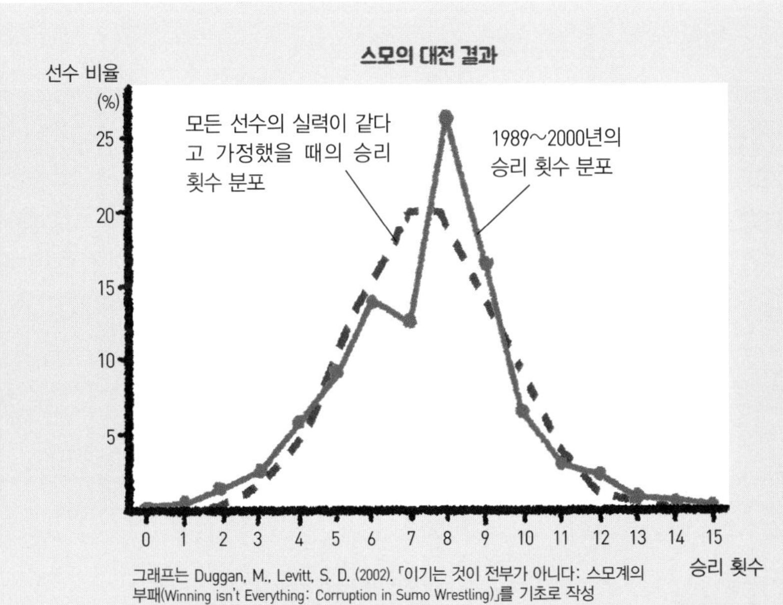

그래프는 Duggan, M., Levitt, S. D. (2002). 「이기는 것이 전부가 아니다: 스모계의 부패(Winning isn't Everything: Corruption in Sumo Wrestling)」를 기초로 작성

스모 대회에서 전승으로 우승하기는 어렵다!

2019년 봄에 열린 스모 대회에서 하쿠호 선수가 전승 우승을 차지했다. 하쿠호의 전승 우승은 얼마만큼 어려운 일일까?

먼저 스모 선수 중 최고 등급인 요코즈나 자리에 있는 하쿠호 선수의 통산 전적은 1026승 184패로 승률은 84.8%다. **이 승률에 따라 한 대회당 열다섯 번 치러지는 경기를 15승 0패로 마칠 확률을 계산하면 8.4%다. 14승 1패를 할 확률은 22.7%로 치솟는다. 단 1패만이라도 허용할 확률이 전승할 확률의 두 배가 넘는다.** 하쿠호 선수라 해도 전승 우승이 얼마나 어려운 일인지를 알 수 있다. 그리고 13승 2패를 할 확률이 28.4%로 가장 높다.

그래프로 나타내면 오른쪽과 같다. 7승 8패 이하의 낮은 성적을 거둘 확률이 거의 0이라는 사실을 알 수 있다. 덧붙여, 또 한 사람의 요코즈나인 가쿠류 선수의 승률은 61.7%이므로 전승 우승할 확률은 0.07% 정도다. 9승 6패를 할 확률이 20.5%로 가장 높다.

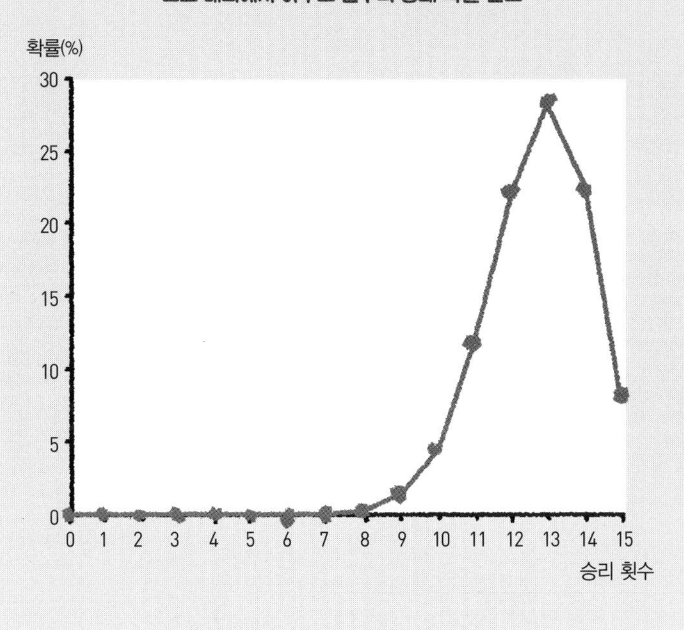
스모 대회에서 하쿠호 선수의 승패 확률 분포
확률(%)
30
25
20
15
10
5
0
0 1 2 3 4 5 6 7 8 9 10 11 12 13 14 15
승리 횟수

몽유병
한밤중……
스르…
치익~~…
몇 시간 후
또 늦잠 잤네!
????
몽유병에 걸렸다……

잠에 취해 시간 가는 줄 모른다
봄
봄날의 잠에 취해 해가 뜬 줄도 모르고
여름
가을
겨울
사시사철 잠만 자잖아.

제3장
편찻값과 상관으로 통계를 깊이 파헤친다

통계를 활용하는 대표적인 방법 중 입시를 칠 때 많이 듣는 '편찻값'이 있다. 두 데이터의 관계를 나타내는 '상관' 역시 통계를 이해하는 데 빼놓을 수 없다.

표준편차와 편찻값

1 '표준편차'는 데이터의 흩어진 정도를 나타낸다

데이터가 어느 정도의 범위에 모여 있는가?

49쪽에서 본 키의 정규분포를 다시 한번 보자. 학생 중 절반 이상은 평균 신장에서 5cm를 전후한 범위에 모여 있다. 이처럼 데이터의 특징을 잡아내려면 각 데이터가 어느 정도 범위 안에 흩어져 있는지 아는 것이 중요하다. 그래서 '표준편차'라는 값이 등장한다. **표준편차란 데이터의 흩어진 정도를 나타내는 값이다.** 지금부터 표준편차에 대해 알아본다.

표준편차로 그래프의 산 모양이 변한다

정규분포의 형태는 '평균값'과 '표준편차'로 정해진다. **평균값이 높으면 그래프는 오른쪽에, 낮으면 왼쪽에 위치한다.** 표준편차로 **그래프의 형태가 결정된다. 표준편차가 작을 때는 데이터 대다수가 평균값 주변에 집중되어 뾰족한 그래프를 그린다. 반대로 표준편차가 클 때는 데이터가 넓은 범위에 흩어져서 폭이 넓은 그래프를 그린다.**

그래프 형태가 달라진다

정규분포 그래프는 평균값에 따라 좌우로 이동한다. 또한 표준편차에 따라 뾰족해지거나 완만해진다. 표준편차는 'σ(시그마)'라는 기호로 나타낸다.

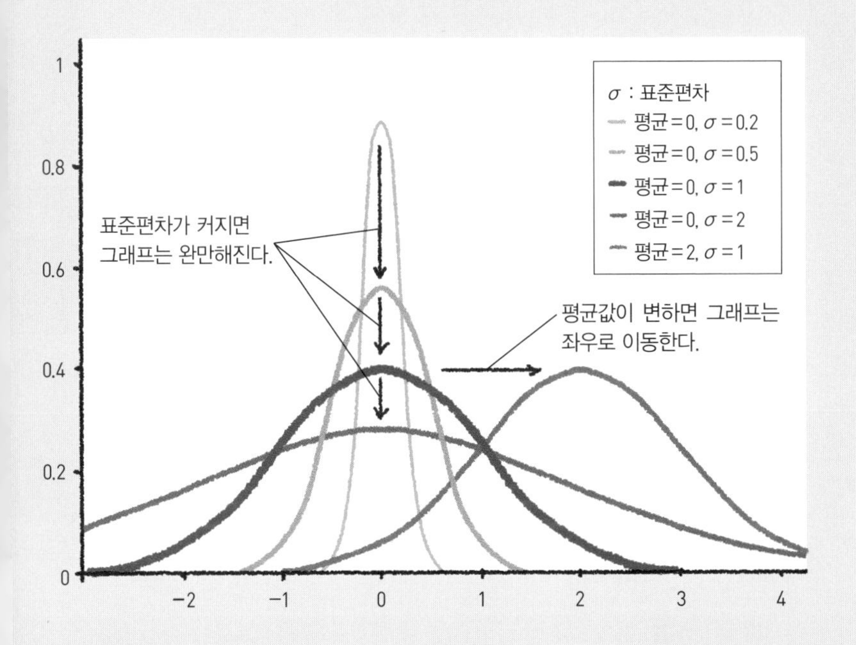

데이터가 넓게 흩어지면 그래프가 완만해져.

표준편차와 편찻값

2 표준편차로 반 학생들의 키 분포를 알 수 있다!

❖ 표준편차로 데이터의 비율을 알 수 있다

이어서 표준편차가 어떻게 활용되는지 보자. 정규분포에는 '평균값을 전후하여 ±1표준편차 범위에 약 68%의 데이터가 모여 있다' 또는 '평균값을 전후하여 ±2표준편차 범위에 약 95%의 데이터가 모여 있다'와 같은 편리한 특징이 있다. **그러므로 정규분포에서는 특정 범위에 포함되는 데이터의 비율이 어느 정도인지 표준편차를 기준으로 삼아 구할 수 있다.**

❖ 평균값과 표준편차로 데이터의 전체 모습을 추측할 수 있다

예를 들어 어느 반 학생들의 키가 '평균은 170cm이고 표준편차가 6cm'라고 하자. 그러면 학생들을 늘어세우지 않더라도 그 반 학생 중 약 68%는 키 164~176cm 범위 안에 있다는 사실을 알 수 있다.

표준편차와 평균값을 조합하면 정규분포의 전체 모습을 추측할 수 있어 편리하다.

정규분포의 데이터의 비율

정규분포에서는 표준편차(σ)만 알면 특정 범위에 포함되는 데이터의 비율을 알 수 있다.

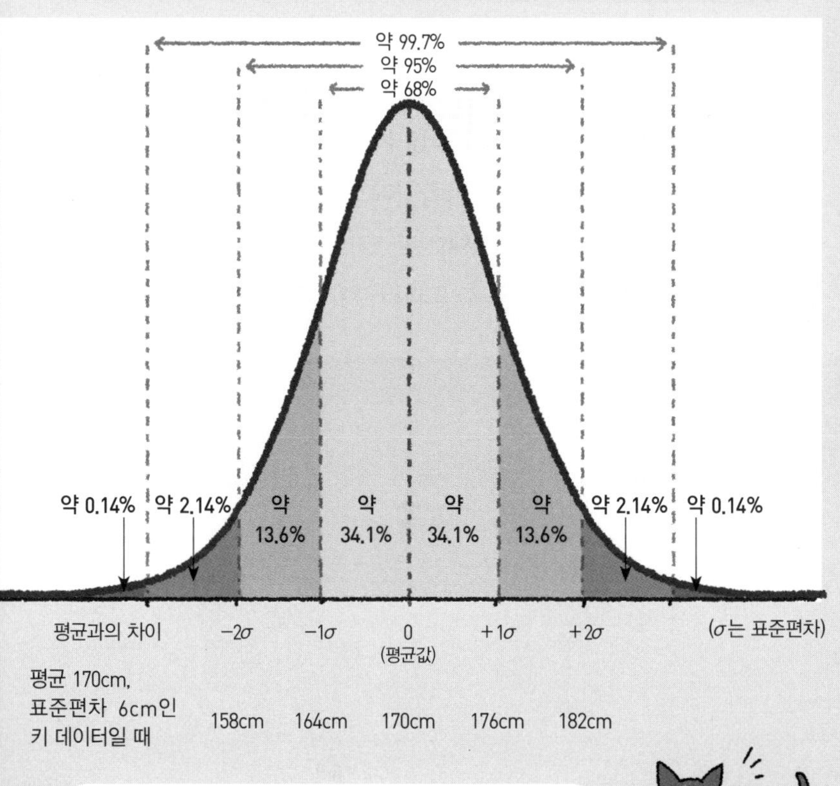

위의 예에서는 학생 약 95%가 키 158cm~182cm 사이에 포함된다고 할 수 있대.

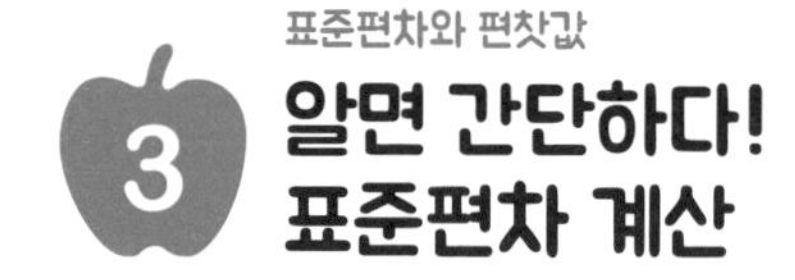

표준편차와 편찻값

3 알면 간단하다! 표준편차 계산

흩어진 정도를 나타내는 '분산'으로 구한다

표준편차를 구해보자. 먼저 '분산' 값을 구한다. 분산이란 표준편차와 마찬가지로 '흩어진 정도'를 나타내는 지표 중 하나다. **분산은 아래 식처럼 각 데이터와 평균값의 차를 계산하고, 그 값들을 제곱하여 더한 다음에 데이터의 개수로 나누어 구한다.** 예를 들어 주사위를 다섯 번 던져서 1~5까지 한 번씩 나온 경우를 생각해보자. 눈의 수를 득점이라

평균, 분산, 표준편차

평균, 분산, 표준편차를 계산하는 식을 나타냈다. 오른쪽 주사위의 평균은 모두 3이지만 분산과 표준편차 값은 각각 다르다.

$$\text{평균} = \frac{\text{데이터 값의 합계}}{\text{데이터의 개수}}$$

$$\text{분산} = \frac{(\text{데이터1}-\text{평균})^2+(\text{데이터2}-\text{평균})^2+\cdots+(\text{마지막 데이터}-\text{평균})^2}{\text{데이터의 개수}}$$

$$\text{표준편차} = \sqrt{\text{분산}}$$

고 치면, 평균 점수는 1~5를 더해서 5로 나눈 3이다. 이때 분산은 다음 식으로 구할 수 있다.

$$\{(1-3)^2 + (2-3)^2 + (3-3)^2 + (4-3)^2 + (5-3)^2\} \div 5 = 2$$

◆ 제곱한 값을 원래대로 되돌린다

분산은 '각 데이터와 평균값의 차'를 제곱한 다음 그 평균을 구한 것이다. 제곱을 하는 이유는 데이터와 평균의 차를 그냥 더하면 양수와 음수가 만나 0이 되기 때문이다.

그리고 표준편차는 분산 값의 제곱근으로 구할 수 있다. 분산을 계산하기 위해 제곱한 값을 원래대로 되돌리는 작업이라고도 할 수 있다. 조금 전에 든 예에서는 표준편차가 $\sqrt{2}$다.

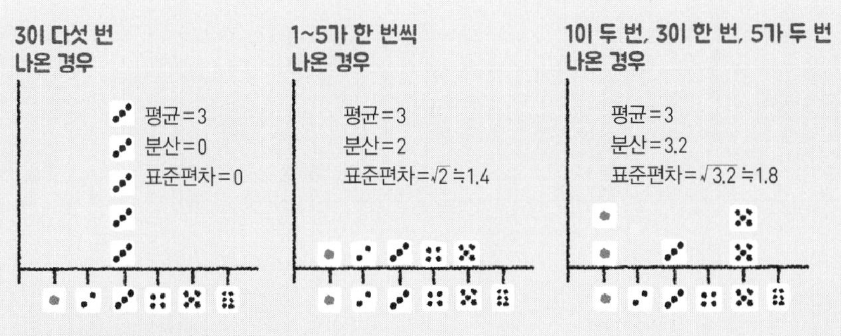

[평균과 분산의 계산]

다섯 번 모두 3이 나온 경우

평균 : $(3+3+3+3+3) \div 5 = 3$

분산 : $\{(3-3)^2+(3-3)^2+(3-3)^2+(3-3)^2+(3-3)^2\} \div 5 = 0$

1부터 5가 한 번씩 나온 경우

평균 : $(1+2+3+4+5) \div 5 = 3$

분산 : $\{(1-3)^2+(2-3)^2+(3-3)^2+(4-3)^2+(5-3)^2\} \div 5 = 2$

1이 두 번, 3이 한 번, 5가 두 번 나온 경우

평균 : $(1+1+3+5+5) \div 5 = 3$

분산 : $\{(1-3)^2+(1-3)^2+(3-3)^2+(5-3)^2+(5-3)^2\} \div 5 = 3.2$

내 점수는 전체 중 어디에 위치할까?

통계에서 종종 듣게 되는 '편찻값'이란 대체 어떤 값일까? 표준편차와는 무슨 관계가 있을까?

어떤 시험에서 75점을 받았다고 해보자. 시험 성적이 정규분포를 이룬다는 가정 아래 평균이 65점, 표준편차가 5점이었다고 하자. 이때 당신의 점수(75점)는 평균(65점)에서 2표준편차(5점×2=10점) 떨어져 있으므로, 전체에서 상위 약 2.3%에 위치한다. 매우 좋은 성적이라 할 수 있다.

편찻값은 전체 수험생 중 어디에 위치하는지를 나타낸다

이처럼 수험생 한 명의 성적이 전체 수험생 중 어디에 위치하는지를 나타내는 값이 '편찻값'이다. 구체적으로는 50을 기준으로 시험 점수가 평균 점수를 1표준편차 웃돌(밑돌) 때마다 10을 더해서(빼서) 산출한다(오른쪽 계산식). 위에 든 예시에서는 75점이 평균보다 2표준편차 높은 값이므로 편찻값은 '50+10×2'로 70이 된다.

편찻값을 구하는 법

아래는 편찻값을 구하는 식이다. 편찻값 40(-1σ)에서 편찻값 60($+1\sigma$)의 범위에 전체 데이터의 약 68%가 포함된다.

$$편찻값 = \frac{점수 - 평균}{표준편차} \times 10 + 50$$

(σ는 표준편차)

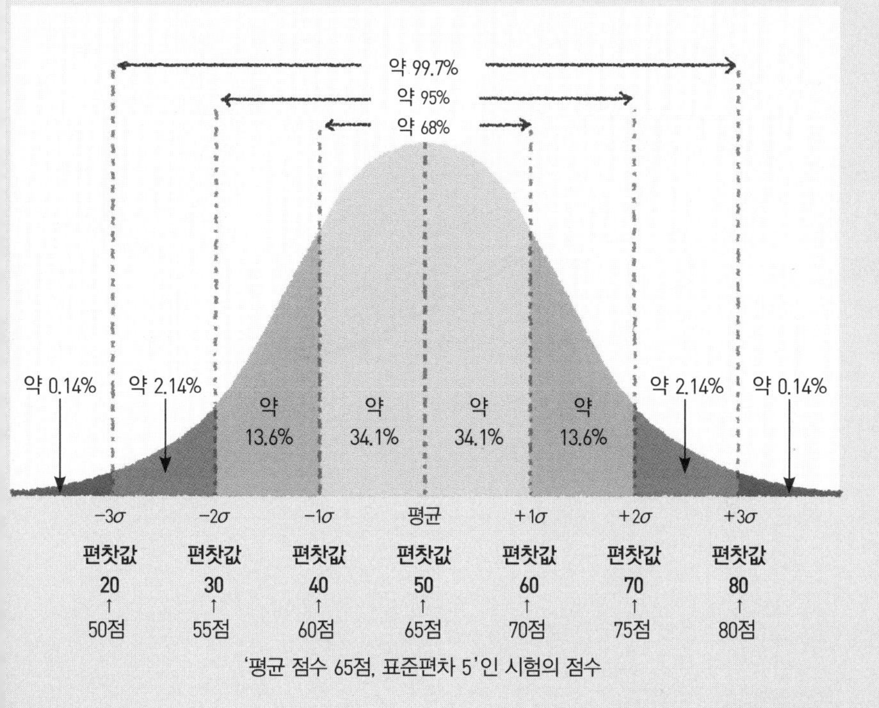

'평균 점수 65점, 표준편차 5'인 시험의 점수

점수를 편찻값으로 나타내면 평균 점수가 다른 시험이라도 자신의 성적을 비교할 수 있어.

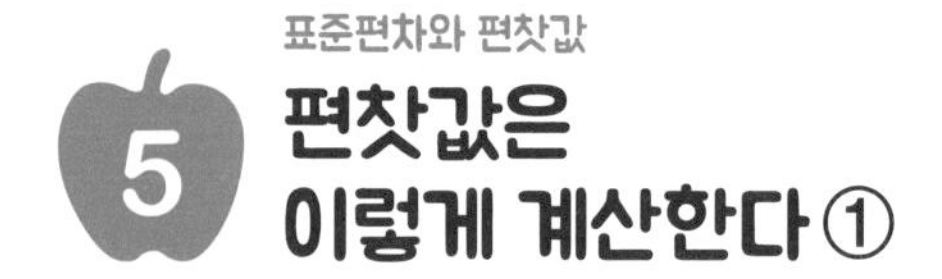

표준편차와 편찻값

5 편찻값은 이렇게 계산한다 ①

◈ 먼저 평균 점수를 구하자

시험의 편찻값이란 정규분포 개념을 이용한 성적의 척도라고 할 수 있다. 여기서부터는 가상의 시험 결과를 이용하여 실제로 편찻값을 구해보자.

100명이 친 시험에서 오른쪽 [표1]과 같은 결과가 나왔을 때, 개인별 편찻값이다. 먼저 평균 점수를 구한다. **전원의 득점을 더해서 인원수(100명)로 나누면 평균 점수는 60점이다.**

◈ 분산과 표준편차를 구해보자

다음으로 분산과 표준편차를 구한다. 개인별 득점과 평균 점수의 차는 [표2]와 같다. **분산은 [표2]의 값을 제곱하여 전부 더한 다음에 인원수(100명)로 나눈 것이다. 계산하면 약 290.7이다. 표준편차는 분산의 제곱근이므로 약 17.0이다.** 이 시험의 결과는 평균 점수 60점, 표준편차 약 17.0인 정규분포를 따르고 있다고 볼 수 있다. 이 값들을 사용하여 다음 쪽에서 편찻값을 계산한다.

시험 결과와 평균 점수의 차

[표1]은 100명의 시험 결과다. 평균 점수는 60점이다. [표2]는 개인별 점수와 평균 점수의 차다. 모두 제곱하여 더하고 100으로 나누면 분산 값을 구할 수 있다.

[표1] 100명의 시험 결과

20	21	25	26	28	31	31	34	36	37
37	38	39	41	41	42	43	44	45	45
47	48	48	49	49	49	50	50	51	51
52	52	53	54	54	55	55	55	56	57
57	58	58	59	59	59	60	60	60	60
60	61	61	61	62	62	62	63	64	64
65	65	65	66	66	67	68	68	68	69
69	69	70	70	71	71	71	72	74	74
74	75	76	77	78	78	79	80	80	81
83	83	84	86	87	89	92	94	97	100

→

[표2] 개인별 점수와 평균 점수의 차

−40	−39	−35	−34	−32	−29	−29	−26	−24	−23
−23	−22	−21	−19	−19	−18	−17	−16	−15	−15
−13	−12	−12	−11	−11	−11	−10	−10	−9	−9
−8	−8	−7	−6	−6	−5	−5	−5	−4	−3
−3	−2	−2	−1	−1	−1	0	0	0	0
0	+1	+1	+1	+2	+2	+2	+3	+4	+4
+5	+5	+5	+6	+6	+7	+8	+8	+8	+9
+9	+9	+10	+10	+11	+11	+11	+12	+14	+14
+14	+15	+16	+17	+18	+18	+19	+20	+20	+21
+23	+23	+24	+26	+27	+29	+32	+34	+37	+40

$$\text{분산} = \frac{(-40)^2 + (-39)^2 + \cdots + (40)^2}{100} \fallingdotseq 290.7$$

$$\text{표준편차} = \sqrt{\text{분산}} \fallingdotseq 17.0$$

먼저 평균 점수를 구하고 나서, 분산과 표준편차를
구하는 것이 첫 번째 단계입니다.

표준편차와 편찻값

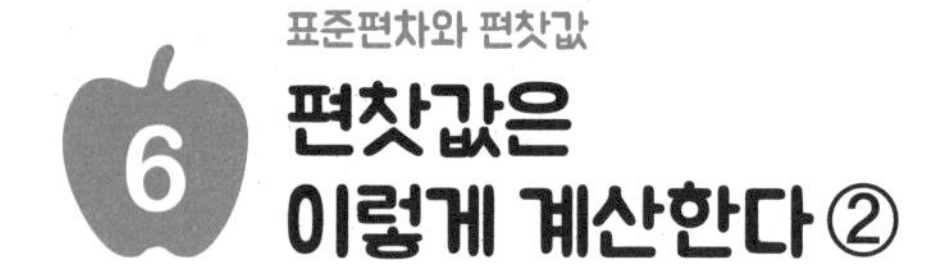

6 편찻값은 이렇게 계산한다 ②

편찻값을 구하자

앞에서 구한 '개인별 점수와 평균 점수의 차', '표준편차'로 편찻값을 구할 수 있다.

70쪽에서 보았듯이 편찻값은 [표2]에 적힌 '개인별 점수와 평균 점수의 차'를 표준편차 17.0으로 나누고 10을 곱한 후 50을 더해 구할 수 있다.

시험의 레벨에 따라 정확한 척도가 아닐 수도 있다!?

이렇게 계산하여 구한 값이 [표3]의 편찻값이다. **예를 들어 평균 점수보다 40점 낮은 20점을 받은 사람의 편찻값은 26.5, 평균 점수와 똑같은 60점을 받은 사람의 편찻값은 50, 평균 점수보다 40점 높은 100점을 받은 사람의 편찻값은 73.5가 된다는 사실을 알 수 있다.**

단, 시험에 따라서는 결과가 정규분포를 이루지 않아 편찻값을 구해도 정확한 척도가 되지 않을 수도 있으므로 주의해야 한다.

편찻값을 구한 결과

예를 들어 100점을 받았을 경우, 평균 점수 60을 빼면 40이다. 40을 앞 쪽에서 구한 표준편차 17.0으로 나누고 10을 곱한 다음 50을 더하면 73.5가 나온다. 따라서 편찻값은 73.5다.

[표2] 개인별 점수와 평균 점수의 차

−40	−39	−35	−34	−32	−29	−29	−26	−24	−23
−23	−22	−21	−19	−19	−18	−17	−16	−15	−15
−13	−12	−12	−11	−11	−11	−10	−10	−9	−9
−8	−8	−7	−6	−6	−5	−5	−5	−4	−3
−3	−2	−2	−1	−1	−1	0	0	0	0
0	+1	+1	+1	+2	+2	+2	+3	+4	+4
+5	+5	+5	+6	+6	+7	+8	+8	+8	+9
+9	+9	+10	+10	+11	+11	+11	+12	+14	+14
+14	+15	+16	+17	+18	+18	+19	+20	+20	+21
+23	+23	+24	+26	+27	+29	+32	+34	+37	+40

→

[표3] 편찻값을 구한 결과

26.5	27.1	29.4	30.0	31.2	32.9	32.9	34.7	35.9	36.5
36.5	37.1	37.6	38.8	38.8	39.4	40.0	40.6	41.2	41.2
42.4	42.9	42.9	43.5	43.5	43.5	44.1	44.1	44.7	44.7
45.3	45.3	45.9	46.5	46.5	47.1	47.1	47.1	47.6	48.2
48.2	48.8	48.8	49.4	49.4	49.4	50.0	50.0	50.0	50.0
50.0	50.6	50.6	50.6	51.2	51.2	51.2	51.8	52.4	52.4
52.9	52.9	52.9	53.5	53.5	54.1	54.7	54.7	54.7	55.3
55.3	55.3	55.9	55.9	56.5	56.5	56.5	57.1	58.2	58.2
58.2	58.8	59.4	60.0	60.6	60.6	61.2	61.8	61.8	62.4
63.5	63.5	64.1	65.3	65.9	67.1	68.8	70.0	71.8	73.5

$$\text{편찻값} = \frac{\text{점수} - \text{평균}}{\text{표준편차}} \times 10 + 50$$

점수를 하나하나 계산하기 힘드니까
대규모 모의시험에서는
표 계산 프로그램을 사용해.

편찻값을 계산해보자

고등학교 3학년인 남주와 영서. 궁술부 연습을 마친 뒤 왠지 우울한 얼굴로 대화를 나누고 있다.

남주 저번 학원 모의시험, 어땠어?

영서 최악이야. 편찻값이 48 나왔어. 이대로 있다가는 재수할 게 뻔해.

남주 나도 비슷해. 편찻값 52야. 그런데 편찻값이 대체 뭘까?

영서 아, 나 저번에 편찻값 계산하는 방법을 책에서 읽었어. 일

본에서는 옛날 육군이 처음 도입했대. 대포 포격 훈련 성적에 편찻값을 매겨서 포병을 평가했다고 하더라.

남주 그럼 아까 한 궁술부 연습 시합 결과에도 편찻값을 매길 수 있는 걸까? 기분 전환 삼아 해보자.

자, 여기서 문제다. 남주와 영서는 한 발당 10점으로 열 발을 쏘는 연습 시합을 한 결과, 아래와 같이 득점했다. 각각의 편찻값을 구해보자.

Q 연습 시합을 한 결과의 편찻값을 구하면?

	남주	영서	C	D	E
득점	60	50	80	40	20
편찻값	?	?	?	?	?

모의시험보다 높았다?

72~75쪽과 같은 순서로 계산해보자.

먼저 다섯 명의 평균을 구한다.

$(60+50+80+40+20) \div 5 = 50$

다음으로 아래 계산식을 써서 분산을 구한다.

$\{(60-50)^2+(50-50)^2+(80-50)^2+(40-50)^2+(20-50)^2\} \div 5 = 400$

이어서 표준편차를 구한다.

$\sqrt{400} = 20$

$$분산 = \frac{(첫 번째 참가자의 득점 - 평균)^2 + \cdots + (다섯 번째 참가자의 득점 - 평균)^2}{참가한 인원수}$$

$$표준편차 = \sqrt{분산}$$

$$편찻값 = \frac{점수 - 평균}{표준편차} \times 10 + 50$$

이 값들과 점수를 편찻값 공식에 대입하여 계산한다. 예를 들어 남주의 편찻값은 다음과 같다.

$(60-50) \div 20 \times 10+50 = 55$

전부 계산하면 아래의 표와 같다.

남주 모의시험보다 잘 나왔는걸.

영서 80점이면 편찻값이 65나 되네. 좋아, 일단 편찻값 60대를 목표로 열심히 연습해야지!

남주 공부도 말이야!

A

	남주	영서	C	D	E
득점	60	50	80	40	20
편찻값	55	50	65	45	35

편찻값이 1000이 나올 수도 있다?

시험의 편찻값은 최고 얼마까지 나올까? 예를 들어 '편찻값 100'을 본 사람은 없겠지만 실제로 가능한 일일까?

다음과 같은 예를 생각해보자. 100명이 치른 시험에서 다른 사람은 모두 10점을 받고, 나만 100점을 받았다고 치자. 이때 평균 점수는 10.9, 표준편차는 약 8.95다. 이를 바탕으로 나의 편찻값을 계산해보면 무려 약 149.6이 나온다. **극단적인 예에서는 편찻값이 100을 넘을 수도 있다. 그뿐 아니라 편찻값이 1000을 넘거나 마이너스가 나올 수도 있다.**

편찻값 100은 정규분포로 보았을 때 성적 상위 약 0.00002%에 해당한다. 단, 위와 같은 극단적인 예에서는 점수의 분포가 정규분포를 나타내지 않으므로 0.00002%라는 값은 기대할 수 없다. **실제 시험에서는 가장 높게 나온 편찻값이라 해도 대부분 80(성적 상위 약 0.1%) 정도에 그친다.**

편찻값이 학교의 실력을 나타내지는 않는다!

수험생들은 입시를 치를 때 지망하는 학교의 편찻값에 신경이 쓰일 것이다. 학교별 편찻값을 누가, 어떻게 정할까? 편찻값은 학교의 교육 능력이나 실적 등을 고려하여 정해지는 것이 아니다.

실제로는 학원에서 시행한 모의시험 결과로 대학이나 고등학교의 편찻값이 도출된다. 예를 들어 A대학 수험생의 합격 여부와 과거의 모의시험에서 받은 편찻값을 서로 대조한다. 그리고 A대학 합격자와 불합격자가 대략 반반씩 있는 모의시험의 편찻값을 찾아내 그 편찻값을 합격률이 50%인 'A대학의 편찻값'으로 설정하는 것이다.* 즉, 편찻값은 대학의 실력을 기준으로 도출되는 것이 아니다.

덧붙여 대학 입시를 치를 때, 고등학교 입시 때보다 모의시험의 편찻값이 떨어졌던 경험을 한 사람이 있을지도 모른다. 일반적으로 고등학교 입시보다 대학 입시 쪽이 수험생 전체의 학력이 높은 경향이 있다. **그래서 대학 입시에서는 전체 수험생 중 자신이 차지하는 위치, 즉 편찻값이 낮아지기 쉽다.**

* 대학의 편찻값 산출법이나 합격률의 기준은 편찻값을 공표하는 기관에 따라 다르다.

합격자 발표
101 123 137 150 160
104 125 138 151 162
105 129 139 155 163
108 132 141 156 166
109 133 144 157 167
110 134 147
155
123

상관

7 '상관'이란 두 변량 사이의 관계를 말한다

소득과 평균수명의 관계를 생각해보자

통계는 두 변량의 관계를 알고 싶을 때 매우 유용하다. 두 변량의 관계를 '상관'이라 하며 바로 지금부터 다룰 주제다.

예를 들어 2012년을 기준으로 '1인당 국민소득'과 '평균수명'의 관계를 나라별, 지역별로 정리한 오른쪽 그래프를 보자. 원 하나가 나라와 지역 한 곳을 나타낸다. 원의 중심이 위치하는 지점은 1인당 국민소득(가로축)과 평균수명(세로축)으로 결정된다. 그리고 원의 면적은 인구를 나타낸다.

한 변량이 변하면 다른 한 변량도 변한다

그래프에서 점들이 어떻게 흩어져 있는지 살펴보면, 1인당 국민소득이 높은 나라일수록 평균수명이 긴 경향이 있다는 사실을 알 수 있다. 아무래도 소득과 평균수명은 관계가 있어 보인다. **이처럼 두 변량 중 한 변량이 변하면 다른 한 변량도 변하는 관계에 있을 때, 두 변량에는 '상관관계가 있다'라고 한다.** 두 데이터의 관계를 나타낸 그래프를 '상관관계 그래프' 또는 '산포도'라고 부른다.

상관관계 그래프

두 그림 중 위는 세계의 나라들을 소득과 평균수명으로 나타낸 그래프다. 아래는 수학 성적과 과학 성적의 관계를 나타낸 가상의 그래프다. 이러한 그래프를 상관관계 그래프 또는 산포도라고 한다.

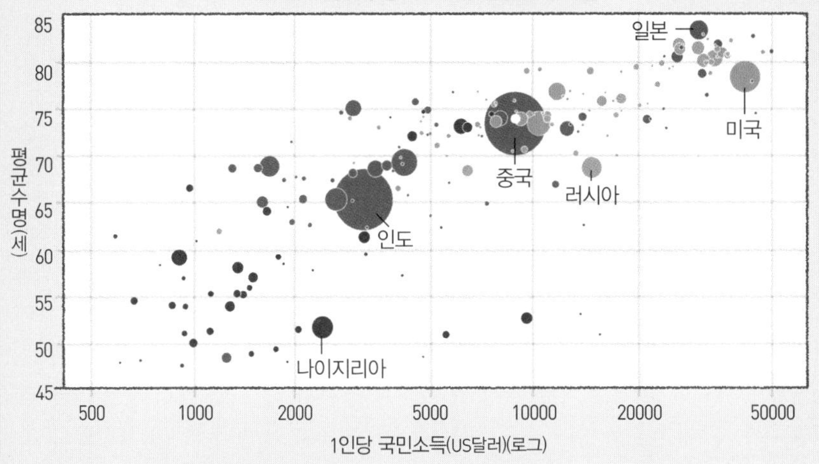

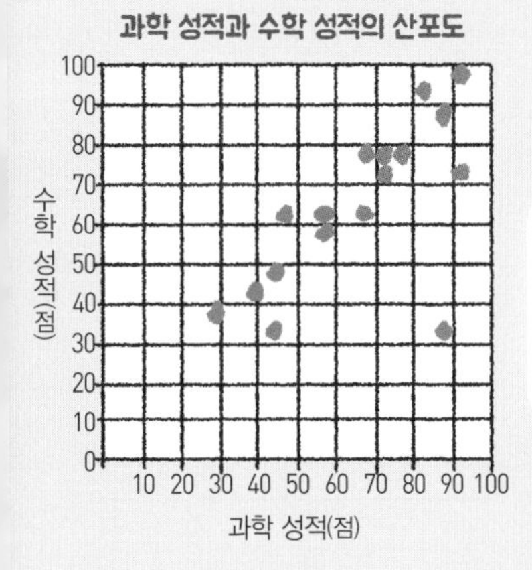

상관

8 기온과 강수량을 통해 포도주 가격을 예측할 수 있다!

가격에 큰 영향을 끼치는 네 가지 요소를 발견하다

상관관계를 활용한 예를 알아보자. 경제학자 올리 아센펠터 교수가 포도주 가격 변화를 예측한 사례를 소개하겠다. **아센펠터 교수는 포도주와 관련된 다양한 요소를 조사하여 가격에 큰 영향을 미치는 네 가지 요소를 발견했다.**

네 요소는 원료인 포도가 생산된 해의 4~9월 평균기온, 8~9월 강

포도주 가격과 네 가지 요소

아센펠터 교수가 발견한 포도주 가격을 결정하는 네 가지 요소와 포도주 가격의 관계를 나타낸 산포도다. 저마다 관계성이 있다는 사실을 알 수 있다.

A. 수확 전해의 10~3월 강수량과 가격

포도를 수확하기 전해의 겨울 강수량이 많을수록 포도주 가격이 높아지는 경향이 있다(양의 상관관계).

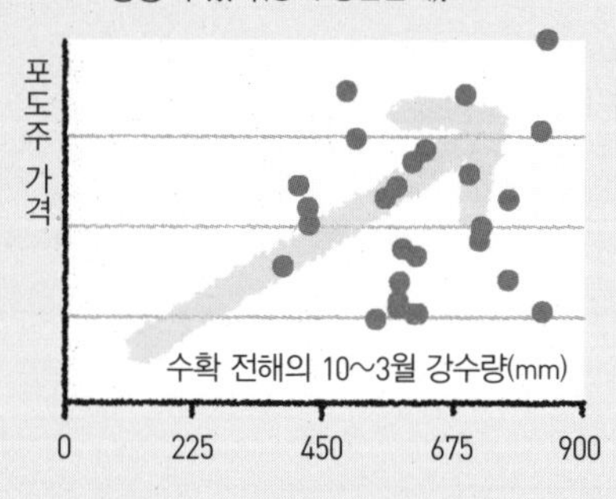

B. 8~9월 강수량과 가격

포도가 자란 해의 여름 강수량이 많을수록 포도주 가격이 낮아지는 경향이 있다(음의 상관관계).

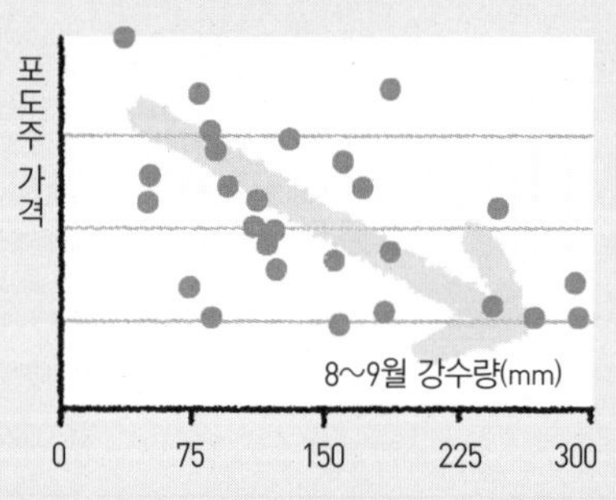

수량, 수확 전해의 10~3월 강수량, 포도주의 연령(제조 후 경과한 햇수)이다.

❖ 두 변량의 관계성을 조사하는 '상관분석'

아래의 산포도는 네 가지 요소(변량)를 가로축으로, 포도주 가격을 세로축으로 삼아 데이터를 배치했다. 예를 들어 A 그래프에서는 포도를 수확하기 전해의 겨울에 비가 많이 올수록 포도주 가격이 높아진다. B 그래프에서는 포도를 수확하는 해의 8~9월에 비가 많이 오면 포도주 가격이 내려간다. **이처럼 두 변량의 관계를 분석하여 둘 사이에 있는 관계성을 조사하는 통계적 방법을 '상관분석'이라고 한다.** 아센펠터 교수는 이 그래프들을 통해 포도주 가격을 예측했다.

각 요소의 양이 늘어나면
가격도 올라가는 관계를 '양의 상관관계',
가격이 내려가는 관계를 '음의 상관관계'라고 합니다.

C. 4~9월 평균기온과 가격

포도가 자란 해의 여름 기온이 높을수록 포도주 가격이 높아지는 경향이 있다(양의 상관관계).

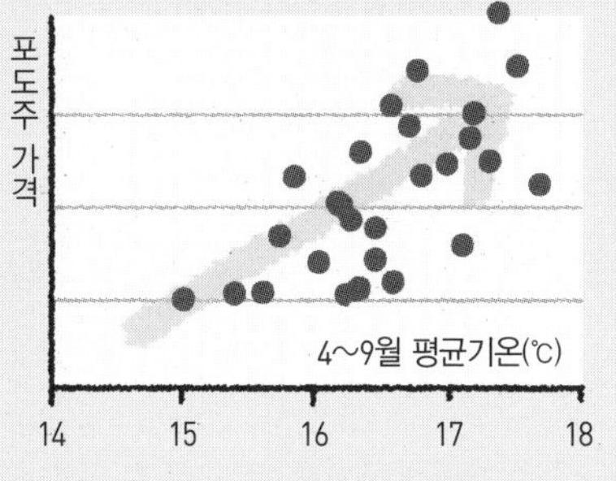

D. 포도주의 연령과 가격

포도주가 만들어진 후 장기간 보존될수록 가격이 상승하는 경향이 있다(양의 상관관계).

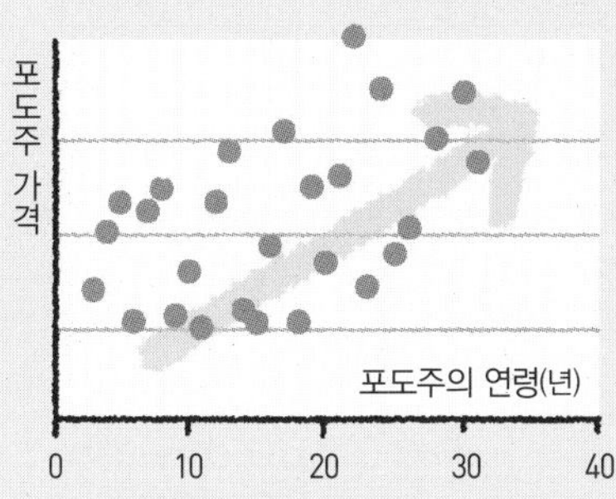

상관

9 입학시험은 무의미하다?

입시 성적으로 입학 후의 성적을 예측할 수 없다!?

지금부터는 상관관계를 생각할 때 주의할 점을 알아보겠다. 아래의 A는 어느 대학의 입학시험 성적과 입학 후 학과시험 성적의 상관관계 그래프다. 데이터를 보면 꽤 넓게 흩어져 있다. 예를 들어 입학시험에서 둘 다 71점을 받은 학생 a와 b에 주목해보면 a는 학과시험에서 최저점을, b는 최고점을 받았다. 입시 점수와 입학 후의 시험 점

선발효과

A에는 상관관계가 보이지 않지만 B에서는 양의 상관관계가 보인다. 이처럼 데이터를 너무 좁혀서 상관관계가 약해지는 것을 '선발효과'라고 한다.

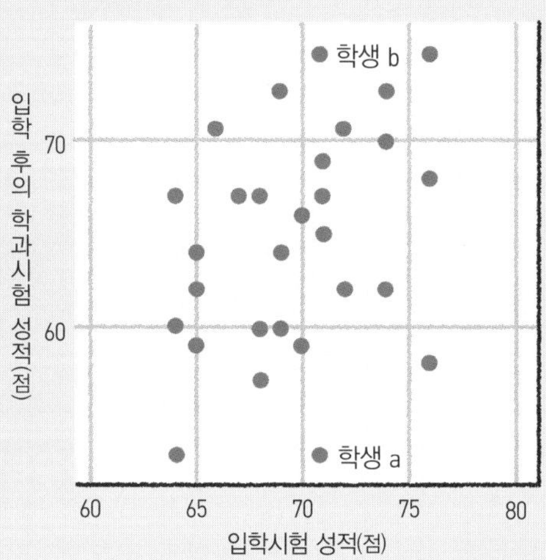

수 사이에 별다른 관계가 없다는 것은 입시 성적으로 입학 후의 성적을 추측할 수 없다는 뜻이다. 입학시험이 의미 없는 것일까?

✤ 데이터의 범위를 좁히면 상관관계가 약해진다

사실 그것은 섣부른 생각이다. **입시에 의미가 있는지 없는지는 입시에 떨어졌던 사람들도 포함하여 판단해야 한다.** 가령 입시에 떨어진 사람들이 같은 학과시험을 치렀다고 한다면, 아래의 B와 같은 상관관계 그래프를 그릴 것이다. 이때 입시 성적이 좋았던 학생일수록 학과시험 성적이 좋게 나오는 '양의 상관관계'를 볼 수 있다. **A는 데이터를 너무 좁히는 바람에 상관관계가 약해졌다. 이러한 현상을 '선발효과'라고 한다.**

B. 전체 수험생의 입학시험 점수와 학과시험 성적의 상관관계 그래프

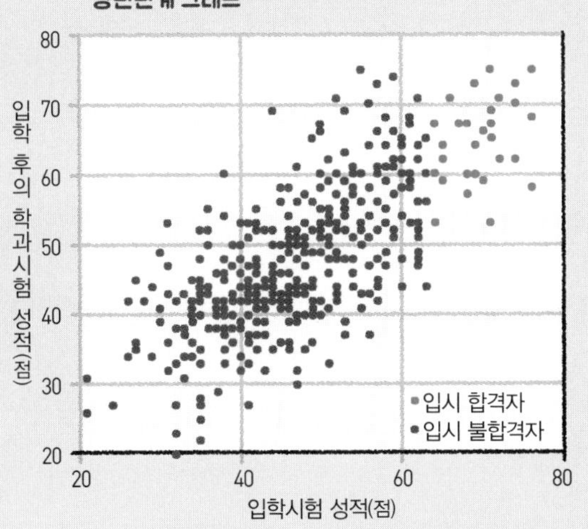

상관

10 붓꽃의 품종 차이가 불러온 통계학자의 오해

음의 상관관계가 있을 듯하지만……

데이터 처리 방식에 따라 정반대 결론이 도출된 예를 또 하나 소개하겠다. 아래의 A는 영국의 통계학자 로널드 피셔가 붓꽃의 꽃받침 길이와 폭을 비교하여 정리한 상관관계 그래프로 유명하다.

그래프를 보면 데이터가 흩어져 있기는 해도 '꽃받침이 길수록 폭

정반대의 상관관계가 나타난다

음의 상관관계가 있는 것처럼 보이는 A의 상관관계 그래프를 B처럼 색깔별로 분류하면 양의 상관관계가 두 가지로 나타난다. 데이터를 너무 넓게 잡는 바람에 정반대 결론이 나온 것이다.

A. 붓꽃의 꽃받침 길이와 폭의 상관관계 그래프

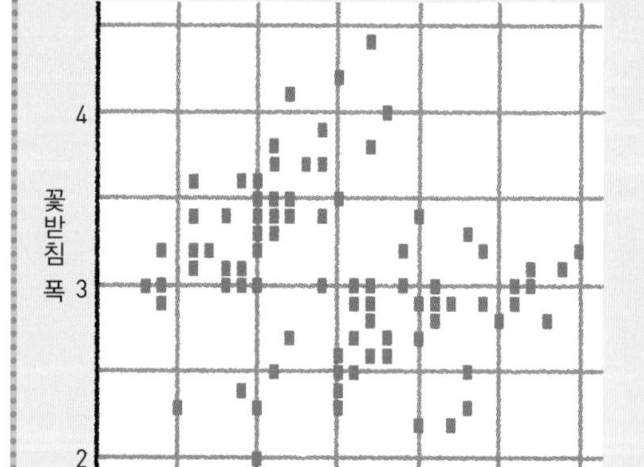

이 좁아진다'라는 약한 음의 상관관계가 있는 듯하다. 하지만 그렇지 않다.

데이터를 너무 넓게 잡아서 정반대 결론이 나왔다

사실 이 상관관계 그래프에는 매우 비슷한 두 가지 품종의 붓꽃 데이터가 섞여 있었다. 각각 색깔별로 구분하면 B처럼 된다. 둘 다 양의 상관관계에 있다. 실제로는 꽃받침이 길수록 폭도 넓어지는 경향이 있는데 음의 상관관계가 있다는 정반대 결론에 이르렀던 것이다.

앞에서 본 입시의 예와는 반대로 데이터를 너무 넓게 잡아도 안 됨을 알 수 있다. 상관관계 그래프는 적절한 데이터 선정이 중요하다.

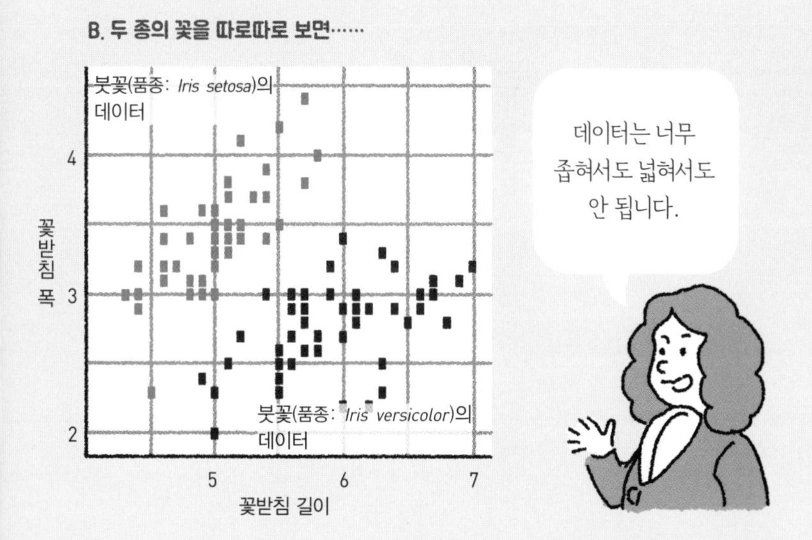

상관

11 이과는 문과에 비해 검지가 짧은 사람이 많다!?

이과라서가 아니라 남성이라서 그렇다

상관관계에서 주의할 점을 또 하나 소개한다. 먼저 "이과는 검지가 약지보다 짧은 사람이 많고, 문과는 길이가 비슷한 사람이 많다"라는 문장에 대해 생각해보자. 정말로 이과인 사람은 검지가 약지보다 짧은 경향이 있을지도 모른다. **그러나 그 이유는 이과라서가 아니라 남성이기 때문이다.** 남성은 여성에 비해 검지가 약지보다 짧은 사람이 많다.

제3의 변수가 존재한다

일반적으로 이과는 문과에 비해 남학생의 비율이 높다. 그래서 손가락의 길이를 조사하면 '검지가 약지보다 짧은 학생의 비율은 이과생 쪽이 높다'는 결과가 나온다. 그런 의미에서 '이과 또는 문과'와 '손가락 길이의 차이' 사이에는 상관관계가 있다고 할 수 있다. **그러나 두 변량 사이에는 '남성'이라는 제3의 변수(잠재 변수)가 있지만 직접적인 관계(인과관계)는 없다. 이를 '허위상관' 또는 '허구적 상관'이라고 한다.**

두 변량에 상관관계가 있다 해서 인과관계가 있다고는 단정할 수 없다. 늘 '제3의 변수'가 없는지 생각해야 한다.

문과와 이과의 차이

'이과 또는 문과'와 '검지가 약지보다 짧다'의 상관관계에는 '남성'이라는 '제3의 변수'가 있다. 따라서 인과관계는 없다.

허위상관을 간파하자!

영서와 남주는 기말고사가 다가오면서 궁술부 활동을 쉬게 되었다. 둘은 함께 도서관에 가서 공부하기로 했다.

영서 도서관이 너무 먼걸. 좀 더 가까운 곳에 안 생기려나.

남주 그렇지만 "도서관이 많은 동네일수록 불법 약물 사용으로 인한 검거 수가 많다"라는 말을 들었어. 도서관을 또 하나 만들면 불법 약물 사용 범죄가 늘지도 몰라.

자, 여기서 문제다. 도서관과 약물 사용의 상관관계에는 제3의 변수가 숨어 있다. 무엇일까?

Q1 제3의 변수는 무엇일까?

도서관에서 공부를 마치고 집으로 돌아가는 영서와 남주. 영서는 고민이 약간 있는 모양이다.

영서 요즘 아무래도 몸무게가 늘었어.

남주 하지만 "남성은 체중이 많이 나갈수록 연소득이 높은 경향이 있다"라고 들은 적이 있어.

영서 진짜!? 그럼 나는 미래에 부자가 되는 걸까?

자, 여기서 문제다. 남성의 체중과 연소득의 상관관계에도 제3의 변수가 숨어 있다. 무엇일까?

Q2 제3의 변수는 무엇일까?

잘 생각해보면……

A1 인구

범죄자 검거 수는 인구가 많은 지역일수록 많아진다. 도서관 같은 공공시설 역시 인구가 많은 동네일수록 잘 갖춰져 있다. 그래서 범죄자 검거 건수와 도서관 수는 두 변량에 상관관계가 생긴다.

영서 아, 그런데 도서관 가는 길목에서 파는 크로켓이 맛있단 말이야. 근처에 다른 도서관이 생기면 가는 길에 못 사 먹으니까 안 생겨도 되겠어.

남주 …….

A2 연령

남성은 나이를 먹으면 몸무게가 증가하는 경향이 있다. 다른 한편으로는 나이를 먹으면 연소득이 오르는 경향도 있다. 그래서 체중과 연소득이라는 두 변량에 상관관계가 생긴다.

영서 잘 생각해보니까 뚱뚱하면 인기가 없겠네.

남주 하지만 연소득이 높으면 결혼은 할 수 있잖아?

영서 아니, 지금 당장 여자 친구가 생겼으면 좋겠어.

남주 그러면 크로켓이나 좀 그만 먹어!

30℃가 넘으면 아이스크림은 팔리지 않는다!?

최근 들어 기온과 음식의 상관관계에 관해 다양한 분석을 한다. 예를 들어 기온이 25℃를 넘으면 아이스크림이 잘 팔린다는 분석이 있다. 더워지면 당연히 아이스크림이 잘 팔린다고 생각할 수 있다. 하지만 다른 분석도 있다. **30℃를 넘으면 아이스크림이 아니라 빙수가 잘 팔린다고 한다.**

아이스크림에는 유지방이 함유되어 기온이 너무 올라가면 먹고 난 후 입안에 끈적한 불쾌감이 남아서 외면당한다고 한다. 또, 더위가 심해지면 사람은 차고 수분이 많은 것을 찾는다. **그래서 기온이 30℃를 넘으면 대부분이 수분이고 아이스크림보다 상큼한 빙수가 잘 팔린다고 추측된다.**

이처럼 외식업체나 소매점에서는 기온과 상품 판매 동향의 상관관계를 분석하여 낭비 없이 효율적으로 수익을 늘리는 판매 전략을 취하고 있다.

출처 : 『그래서 아이스크림은 25℃를 넘으면 잘 팔린다』, 도키와 가쓰미 저, 쇼교카이, 2018

MENU
ICE CREAM
SHAVED ICE

1000000000

제4장
표본오차와 가설 검정을 터득하면 통계의 달인

통계에는 다양한 이론과 방법이 있어 사람들의 생활에 유용하게 쓰인다.
제4장에서는 통계의 지식에 한 발짝 더 들어가
'표본오차'와 '가설 검정'을 소개한다.

표본오차

조사 결과와 실제 값의 차이를 나타내는 '표본오차'

실제 값과 '차이'가 생기는 것은 피할 수 없다

14쪽에서 다룬 여론조사와 같이 통계에서는 일부만 조사한 결과를 통해 전체를 파악할 수 있다. 그러나 조사 결과와 전체의 실제 값에 차이가 생기는 일은 피할 수 없다. 예를 들어 여론조사에서 정부 지지율이 70%가 나왔다고 하자. **그때 '실제 지지율은 67~73% 범위 안에 있**

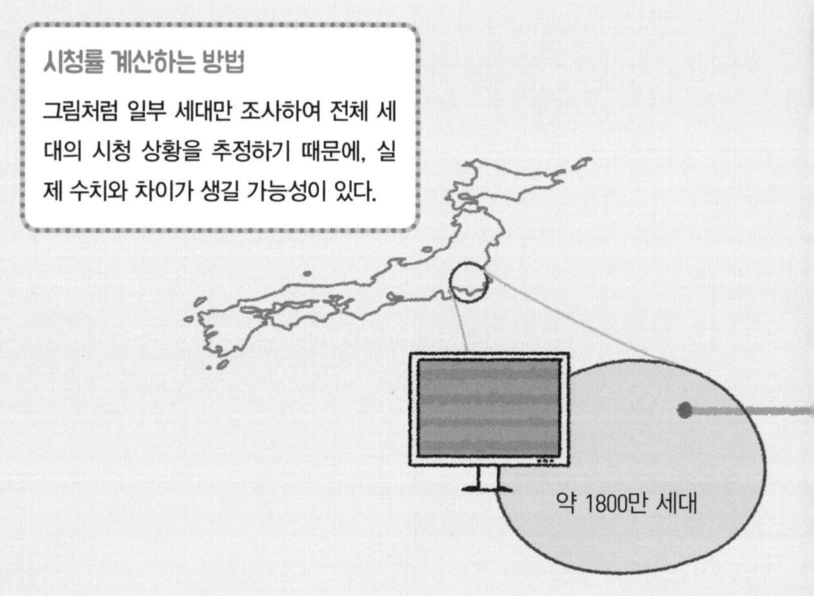

을 가능성이 95%'와 같이 오차가 발생하는 범위가 따라붙는다. 이 차이를 '표본오차'라고 한다.

'시청률 20%'의 표본오차는?

TV 시청률을 생각해보자. 일본의 시청률 조사기관인 비디오 리서치에서는 지역별로 시청률을 조사한다. **예를 들어 간토 지역의 시청률은 전체 약 1800만 세대 중 900세대를 조사하여 구한다.** 가령 900세대 중 180세대가 같은 방송을 보았다면 시청률은 20%다. 단, 이는 어디까지나 조사 대상 세대의 시청률이다. 전 세대를 대상으로 한 '실제' 시청률의 범위는 얼마나 될까? 다음 104쪽에서 자세히 소개한다.

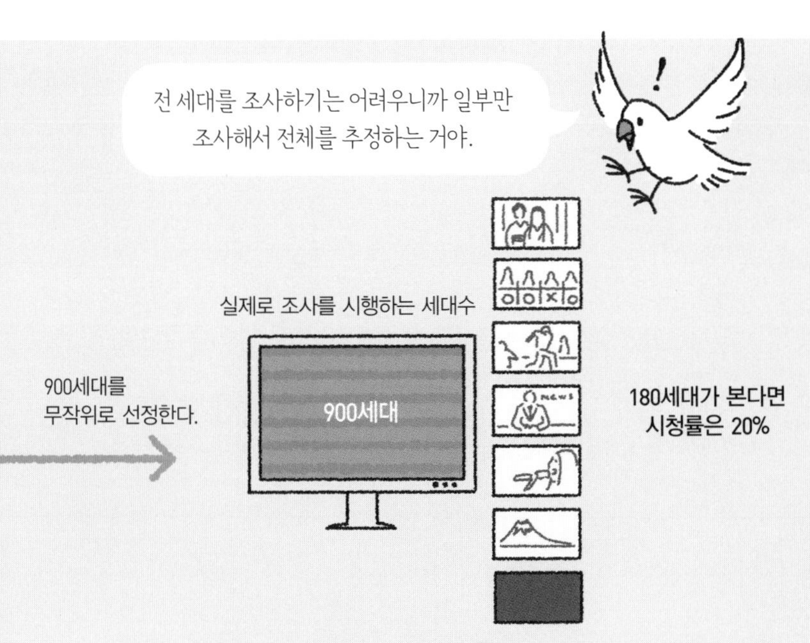

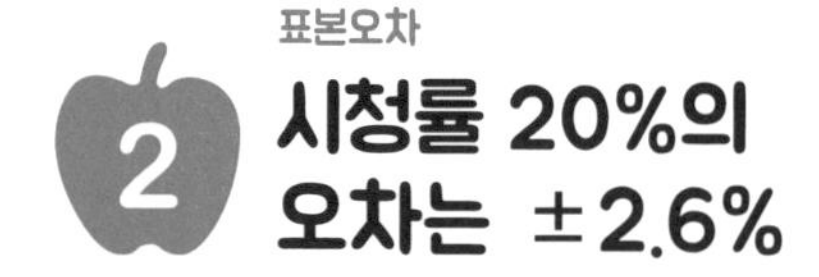

표본오차

2 시청률 20%의 오차는 ±2.6%

오차의 크기는 계산할 수 있다

일부를 조사한 결과로 얻은 시청률 20%와 실제 전체 시청률은 얼마나 차이가 날까? 이 차이를 계산하는 식이 있다. **조사 샘플 수를 n, 조사로 얻은 값(여기서는 시청률)을 p라고 하면, 실제 시청률은 95%의 신뢰수준에서 $\pm 1.96\sqrt{\frac{p(1-p)}{n}}$* 범위에 있다고 추정할 수 있다.**

오차를 $\frac{1}{10}$로 만들려면 100배의 샘플이 필요하다

여기에 n=900, p=0.2를 대입하면 오차범위는 대략 ±2.6%다. **즉, '900세대를 조사했더니 시청률이 20%였다'라는 결과를 통해 '전체 세대의 시청률은 95% 신뢰수준에서 17.4%~22.6% 범위 안에 포함된다'라고 추정할 수 있다.** 95%의 신뢰수준이란 '100번 조사하면 95번은 표본오차 범위 안에 실제 시청률이 있다'라는 의미다.

오차범위를 줄이려면 식의 분모에 있는 샘플 수 n을 늘린다. 그러나 오차범위를 10분의 1로 만들려면 샘플 수를 100배로 늘려야 하므로 조사가 어려워진다.

* 비디오 리서치에서는 표본오차 = $\pm 2\sqrt{\frac{p(1-p)}{n}}$ 의 식을 사용한다.

오차를 줄이려면

900세대를 조사했을 때의 오차는 ±2.6%다. 100배인 9만 세대를 조사했을 때의 오차는 ±0.26%다. 노력에 비해 성과가 적다고 할 수 있다.

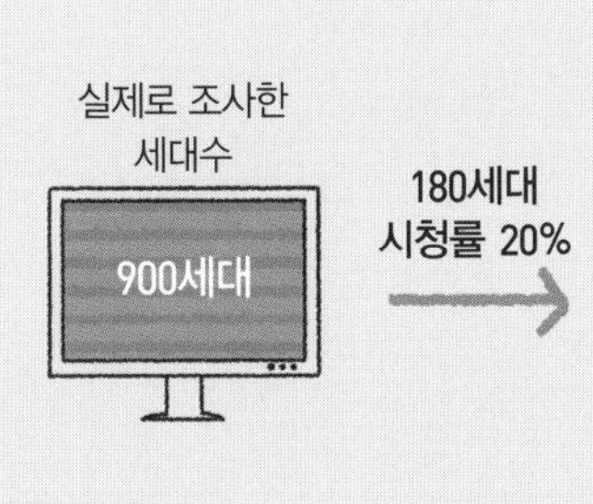

전 세대 시청률의 확률분포

20% ± 2.6%

20%일 확률이 가장 높다.

17.4% 20% 22.6%

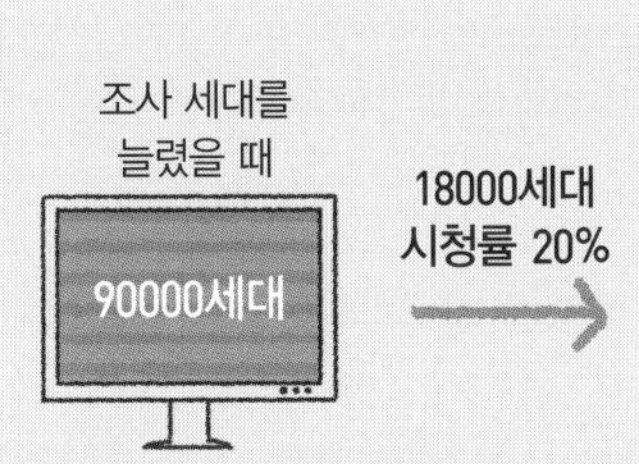

전 세대 시청률의 확률분포

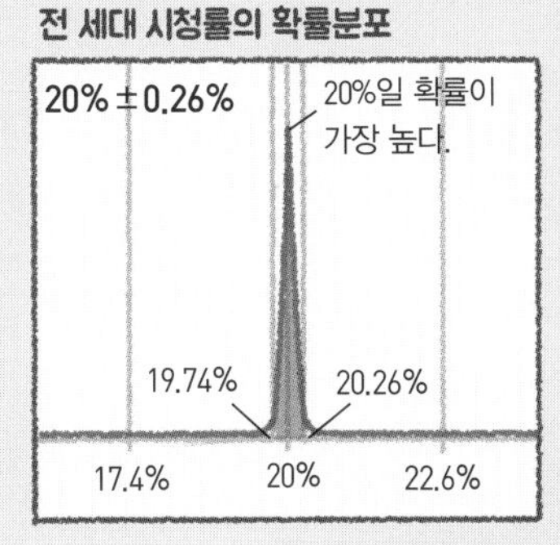

100배 더 조사하더라도
오차는 10분의 1밖에 되지 않아.

역대 시청률 순위

최근 일본에서는 시청률이 20%를 넘으면 이른바 '인기 프로그램'이라 불리기도 한다. 역대 TV 방송에서 가장 높게 나온 시청률은 얼마였을까?

1위는 1963년에 방송된 NHK 홍백가합전으로 시청률이 무려 81.4%이다. 그야말로 일본 국민 대부분이 봤다고 할 수 있다. 그 외에는 50~60%대로 올림픽, 축구, 프로레슬링, 권투 등의 스포츠가 순위에 다수 올라 있다. **순위에 든 10개 중 8개 방송이 1960~80년대에 방송되었으며 프로레슬링과 권투가 지금보다 인기를 끌었다는 사실을 알 수 있다.** 1990~2000년대의 방송 중 순위에 오른 방송 두 개는 모두 월드컵 축구 방송이다. 인기 스포츠의 변천을 느낄 수 있다.

지금은 시청자 취향이 다양해지고 유료 전문 채널과 인터넷 TV가 보급되었다. 이러한 상황 속에 앞으로 이 순위 안에 새로 들어올 프로그램이 나타날까?

역대 시청률 순위(2019년 4월 1일 기준)

순위	프로그램명	방송일	시청률(%)
1	제14회 NHK 홍백가합전	1963년 12월 31일(화)	81.4
2	도쿄 올림픽대회(여자 배구 일본×소련 외)	1964년 10월 23일(금)	66.8
3	2002 FIFA 월드컵™ 조별 리그 일본 ×러시아	2002년 6월 9일(일)	66.1
4	프로레슬링(WWA 세계선수권 디스트로이어 ×역도산)	1963년 5월 24일(금)	64.0
5	세계 밴텀급 타이틀 매치(파이팅 하라다 ×에델 조프레)	1966년 5월 31일(화)	63.7
6	오싱	1983년 11월 12일(토)	62.9
7	월드컵 축구 프랑스'98 일본×크로아티아	1998년 6월 20일(토)	60.9
8	세계 밴텀급 타이틀 매치(파이팅 하라다 ×앨런 러드킨)	1965년 11월 30일(화)	60.4
9	끝내 돌아오지 못한 요시노부	1965년 7월 5일(월)	59.0
10	제20회 뮌헨 올림픽대회	1972년 9월 8일(금)	58.7

주 : 비디오 리서치의 〈시청률 조사 개시(1962년 12월 3일) 이후 시청률 상위 방송 50[간토 지역]〉의 데이터를 기반으로 작성하였다. 일기예보, 가이드 등을 제외한 15분 이상의 전체 프로그램이 대상으로 정규 방송 중 동일 방송국의 동일 프로그램이 둘 이상 있을 경우 평균 세대 시청률이 가장 높은 방송 하나를 추출하여 게재하였다.

표본오차

3 동전 10개를 던졌을 때 앞면이 5개 나올 확률은 25%

◆ 표본오차를 왜 구하는가?

표본오차를 왜 계산해야 할까? '동전 던지기'를 예로 생각해보자. 먼저 다음 문제를 보자. '앞면과 뒷면이 똑같은 확률로 나오는 동전이 있다. 이 동전을 10개 던졌을 때, 그중 몇 개가 앞면이 나올 거로 예측할 수 있을까?'

앞면과 뒷면이 나올 확률이 같아서 '앞면이 나오는 동전은 5개'라고 예측하기 쉽다. 그러나 실제로 계산해보면 그럴 확률은 약 25%에 불과하다. **'앞면은 5개 나온다'라는 예측은 약 25%의 확률로 맞고, 약 75%의 확률로 틀린다. 즉, 약 25%밖에 신뢰할 수 없다. 신뢰할 수 있는 약 25%를 '신뢰도'라고 한다.**

◆ 오차범위를 제시하여 신뢰도를 높인다

더욱 신뢰할 수 있는 예측을 하려면 예측에 오차가 발생할 수 있는 범위를 제시한다. **예를 들어 '앞면이 나오는 동전은 4개에서 6개(5개에서 오차±1개)'라고 예측하면 약 67%의 확률로 적중한다(신뢰도 약 67%). 추정치에 오차범위를 부여하면 어느 정도 신뢰할 수 있는 추정이 된다.** 여론조사의 표본오차 역시 오차범위를 부여하여 추정치의 신뢰도를 높인다.

동전 던지기의 확률분포

동전을 여러 개 던졌을 때 전체에서 앞면이 차지하는 비율을 가로축으로, 앞면이 나올 확률을 세로축으로 나타냈다. 동전의 개수를 늘리면 그래프 형태는 정규분포 곡선에 가까워진다.

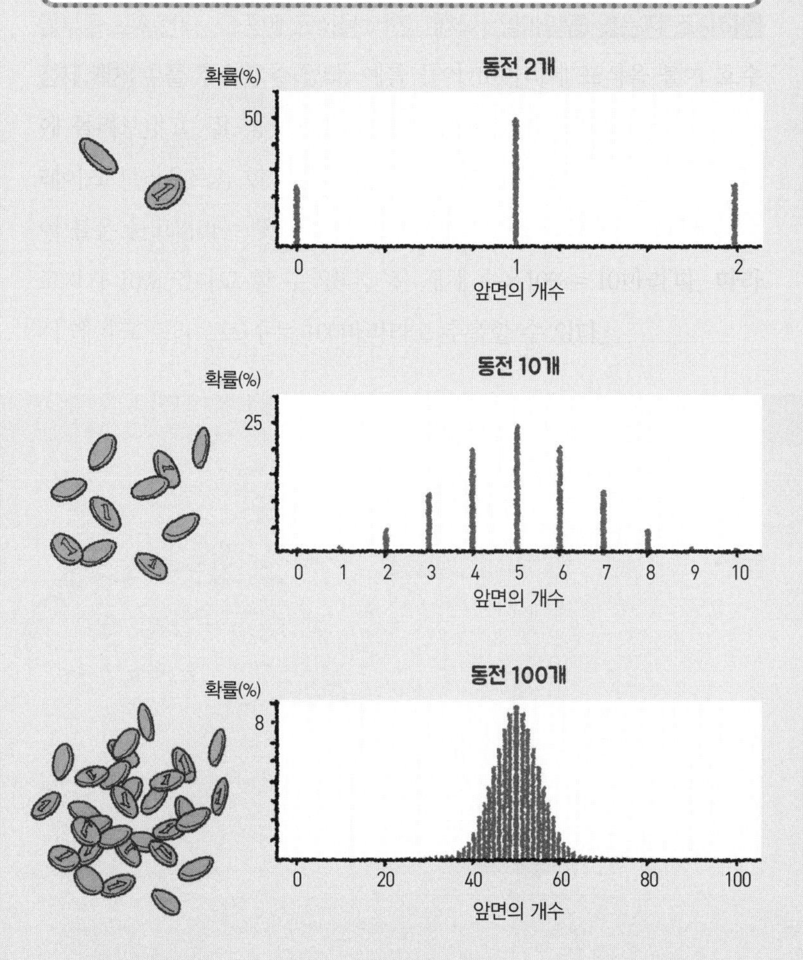

표본오차

정부 지지율의 하락은 단순히 오차일지도 모른다

표본오차를 근거로 생각한다

표본오차를 근거로 다음 가상의 뉴스를 생각해보자. '지난달 여론 조사에서 31%였던 정부 지지율이 이번 달은 29%로 하락하여 30% 밑으로 떨어졌다.' 이 정보만으로 '정부 지지율이 떨어지고 있다'라고 판단할 수 있을까? 정보를 곧이곧대로 받아들이기 전에, 먼저 지지율 수치에 얼마만큼 오차가 있는지 구해보자.

신뢰구간과 표본오차 조견표

정부 지지율 29%와 31%의 신뢰구간을 나타냈다. 겹치는 부분이 있다는 것은 '수치 변동이 거의 없다'라고 해석할 수 있다. 표본오차 조견표는 오차를 쉽게 알아보기 위한 표다.

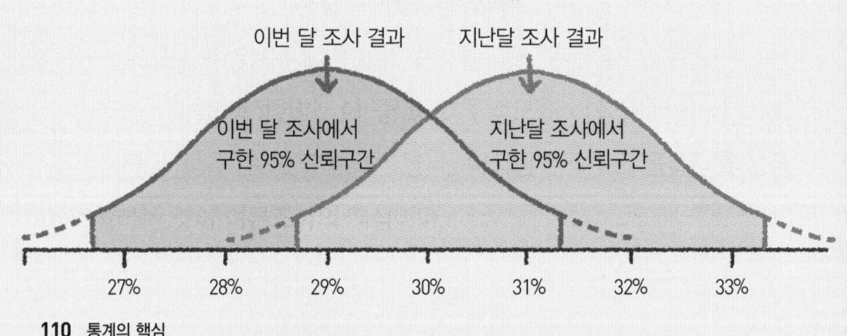

❖ 여론조사 결과를 냉정하게 평가

여론조사 샘플 수는 지난달과 이번 달 모두 2000이며 유효 응답률은 75%(유효 응답수 1500)였다고 하자. 이때의 오차를 알아내려면 104쪽의 표본오차 공식을 이용한다. 여론조사의 유효 응답수를 n, 정부 지지율을 p라고 한다. **그러면 95% 신뢰수준(신뢰도 95%)의 표본오차는 '정부 지지율 29%'에서는 ±2.30%, '31%'에서는 ±2.34%로 도출된다.** 즉, 지난달의 실제 정부 지지율은 28.66%~33.34% 범위에 있고, 이번 달의 실제 정부 지지율은 26.70%~31.30% 범위에 있다는 뜻이다. **이 범위를 '신뢰구간'이라고 한다. 그리고 왼쪽 아래 그림처럼 두 신뢰구간이 서로 중복되는 점으로 미루어 실제 지지율이 하락했다고는 할 수 없다.**

표본오차 조견표(신뢰도 95%일 때)

n \ p	10% 또는 90%	20% 또는 80%	30% 또는 70%	40% 또는 60%	50%
2500	±1.2%	±1.6%	±1.8%	±1.9%	±2.0%
2000	±1.3%	±1.8%	±2.0%	±2.1%	±2.2%
1500	±1.5%	±2.0%	±2.3%	±2.5%	±2.5%
1000	±1.9%	±2.5%	±2.8%	±3.0%	±3.1%
600	±2.4%	±3.2%	±3.7%	±3.9%	±4.0%
500	±2.6%	±3.5%	±4.0%	±4.3%	±4.4%
100	±5.9%	±7.8%	±9.0%	±9.6%	±9.8%

주 : 표의 n은 유효 응답수, p는 조사 결과 값(정부 지지율 등)이다. 예를 들어 유효 응답수가 1500인 여론조사에서 정부 지지율이 60%라면 n=1500, p=60%이므로 위의 표를 통해 표본오차가 ±2.5%라는 사실을 알 수 있다.

표본오차

5 선거의 '당선 확정 발표'는 오차에 달렸다

개표율 5%에서는 오차범위가 겹친다

이번에는 선거의 당선 확정을 예로 들어 표본오차에 대해 생각해 보자. 투표자 수가 20만 명인 선거에서 후보자 A와 B가 다툰다. 개표율 5%(개표수 1만)일 때, A는 5050표(득표율 50.5%), B는 4950표(득표율 49.5%)를 획득했다. '표본오차 공식'을 이용하여 개표수를 n, 그 시점의 득표율을 p라고 하면 95%의 신뢰수준에서 최종 득표율의 오차범

예상 최종 득표수

개표율이 5%, 50%, 80%일 때의 예상 최종 득표수를 나타냈다. 특정 시점에서의 득표수에 더해, 그 후의 득표수를 오차까지 포함하여 나타냈다. 오차가 겹치는 동안은 역전할 가능성이 있다.

개표율 5%(개표수 1만)

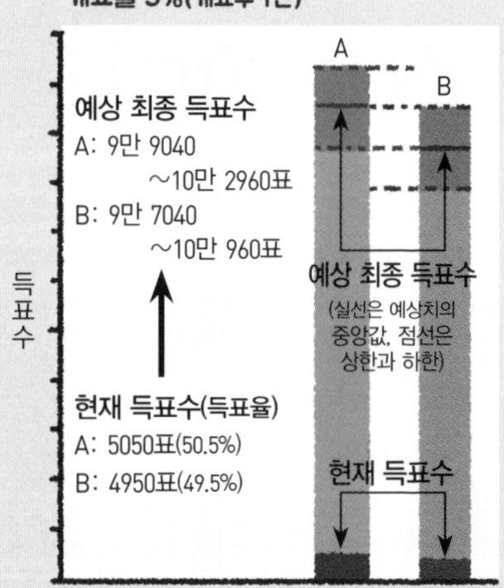

이 시점에서는 두 후보의 최종 득표수 추정 범위가 크게 겹치므로 당선 확정을 판단하기 어렵다.

위를 추정할 수 있다. 그러면 개표율이 5%인 시점에서 최종 득표수는 A가 9만 9040~10만 2960표, B가 9만 7040~10만 960표라고 추정할 수 있다. **이 시점에서는 아직 둘의 오차범위가 겹친다. B가 역전할 가능성이 충분히 있으므로 당선 확정 발표는 시기상조다.**

✤ 개표율 80%에서 오차범위가 겹치지 않게 되었다

개표율 80%(개표수 16만) 시점에서 A가 8만 800표(득표율 50.5%), B가 7만 9200표(득표율 49.5%)를 얻었다면 A와 B의 최종 득표수 범위가 겹치지 않는다. **그렇다면 이미 B가 역전할 가능성은 거의 없다고 추정할 수 있으므로 A의 당선 확정을 발표할 수 있다. 이처럼 오차를 포함하여 추정하면 당선 확정 여부를 판단할 수 있다.**

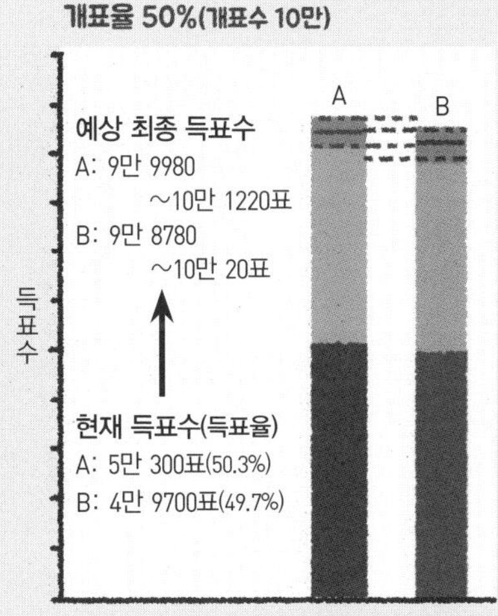

추정되는 범위가 상당히 좁아졌지만, 아직 일부분이 겹치므로 B가 역전할 가능성이 남아 있다.

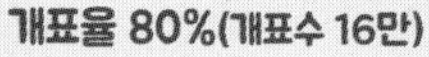

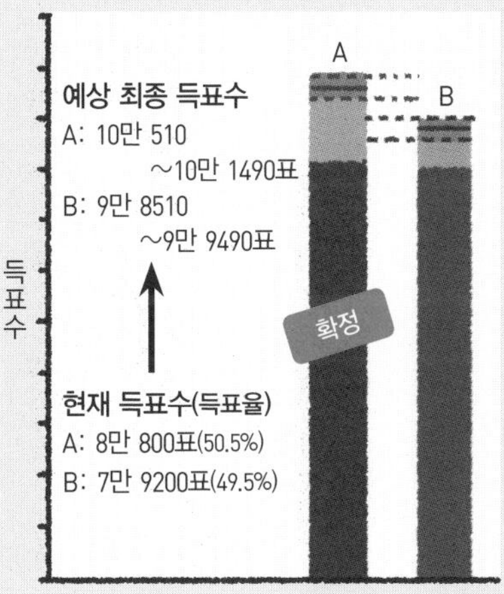

최종 득표수의 추정 범위가 겹치지 않게 되었다. B가 역전할 가능성은 거의 없으므로 A가 당선이다.

남성 선거운동원을 가리키는 말이 있다?

선거철이면 선거 유세 차량의 선거운동원을 빼놓을 수 없다. 그중에는 선거 전략가라고 불리는 선거운동 관계자도 있다.

일본에는 남성 선거운동원을 가리키는 별칭이 있다는 사실을 아는가? **'까마귀 보이'나 '까마귀 군', 또는 그냥 '까마귀' 등으로 불린다.** 이름의 유래는 '목소리가 굵고 잘 퍼져서', '검은 양복 차림이 까마귀 같아서' 등 여러 설이 있다. 덧붙여 여성 선거운동원을 가리키는 '휘파람새 양'이라는 명칭은 휘파람새가 예쁜 목소리로 동료를 불러들이는 습성이 있어 붙여졌다고 한다.

휘파람새 양과 까마귀 보이 둘 다 공직선거법상 선거사무원에 해당하기 때문에 보수는 일급 1만 5000엔(약 16만 5000원) 이내로 정해져 있다. 종일 끊임없이 웃는 얼굴을 하고 큰 소리로 말해야 하는 일에 대한 보수다.

냥돌이
후보 냥돌이

가설 검정

6 '가설 검정'은 가설이 옳음을 확률로 나타내는 방법

신약의 효과는 그저 우연일 뿐?

통계를 이용한 해석은 신약 개발 현장에서도 활약하고 있다. 지금부터 신약 개발에 꼭 필요한 '가설 검정'이라는 통계 기법을 소개하겠다. 신약의 효과를 확인하는 시험을 할 때는 먼저 환자의 동의를 얻어 환자들을 무작위로 두 집단으로 나눈다. 그리고 한쪽에는 신약을, 다른 한쪽에는 효과가 없는 위약을 투여하고 경과를 비교한다.

신약을 투여한 집단이 위약을 투여한 집단보다 평균 30분 빨리 증상이 개선되었다고 하자. **그렇다고 바로 '신약에 효과가 있다'라고는 판단하지 않는다. '그저 우연이 아닐까?'라고 생각해야 한다.**

정규분포를 이용하여 검증한다

따라서 두 가지 가설을 세운다. 가설①은 '신약과 위약의 효과에 차이가 있다', 가설②는 '신약과 위약의 효과에 차이는 없다'이다. 만약 가설②의 가능성이 낮다면(예컨대 5% 이하라면) 가설①을 채택하고, 가설②의 가능성이 높다면(예컨대 5% 이상이라면) 신약의 효과에 대해 결론을 내리지 않는다. **이 검증을 '가설 검정'이라고 하며 정규분포의 성질을 이용한다.**

신약을 시험하는 과정

신약을 시험할 때는 효과 여부를 서둘러 판단하지 않는다. 어떤 약이든 사람에 따라 효과가 다르고, 신약과 위약의 효과가 같더라도 결과에 차이가 생기는 일이 있기 때문이다.

1. 진통제 신약과 위약을 100명으로 구성된 환자 그룹 A, B에 투여한다.

신약(그룹 A)

위약(그룹 B)

그룹 A는
평균 10분 만에
증상이 개선되었다.

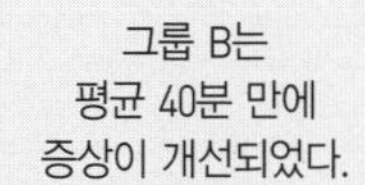

그룹 B는
평균 40분 만에
증상이 개선되었다.

시험 결과
신약을 투여받은 그룹 A는 위약을 투여받은 그룹 B보다 평균 30분 빨리 증상이 개선되었다.

2. 왜 시험 1에서 결과에 차이가 생겼는지 가설을 세운다.

가설①
신약과 위약의 효과에 차이가 있다.

가설②
신약과 위약의 효과에 차이는 없지만, 우연히 결과에 차이가 생겼다.

판단 기준
- 가설②의 가능성이 5% 이하라면 가설②를 버리고 가설①을 채택한다.
- 가설②의 가능성이 5% 이상이라면 가설②의 가능성을 무시할 수 없으므로 신약의 효과 유무에 대해 결론을 내리지 않는다.

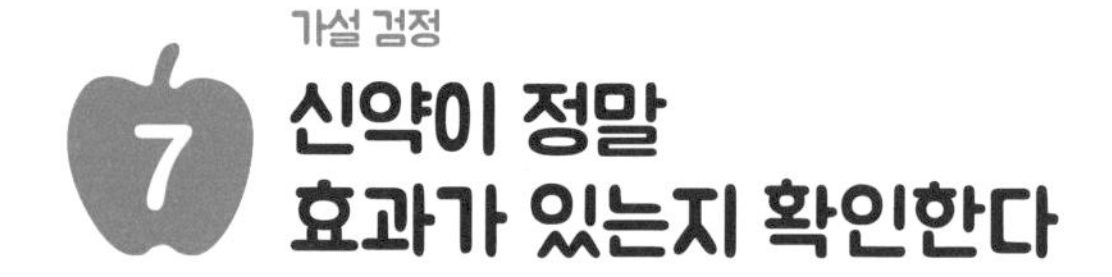

30분의 차이가 생길 가능성은 5% 이하

'신약과 위약의 효과에 차이가 없다'라는 앞의 가설②를 검증하려면 어떻게 해야 할까? 여기서 **'신약에 효과가 없는데도 신약과 위약의 시험 결과에 우연히 차이가 생길 확률'이 얼마일지 생각한다.** 이때 정규분포가 활용된다.

오른쪽 그림의 정규분포는 신약과 위약의 효과에 차이가 없다고 가정했을 때, 두 가지 약으로 증상이 개선될 때까지의 시간차를 나타낸 확률분포다. 그래프에서 보다시피 효과에 차이가 없다면 동시에 증상이 개선될 확률이 가장 높다는 것을 알 수 있다. **또한 30분의 차이가 생길 확률은 5% 이하로 나타난다. 따라서 가설②의 가능성은 5% 이하이므로 가설①이 채택된다.**

한층 엄격한 기준을 적용하기도 한다

신약 시험에서는 '투약 효과에 차이가 생긴 것은 우연이 아니다'라는 사실을 확인하기 위해, '5% 이하'라는 기준을 많이 적용한다. 그중에는 더욱 엄격한 '1% 이하'의 기준을 적용하는 일도 있다.

정규분포를 활용한다

신약과 위약의 효과에 차이가 없다고 가정했을 때, 신약과 위약의 시험 결과에 차이가 생길 확률의 분포를 나타냈다. 30분의 차이가 생길 확률은 5% 이하다.

3. 가설②가 옳으며 신약과 위약의 효과에 차이가 없다고 가정한다. 이때 두 가지 약으로 증상이 개선될 때까지 걸리는 시간의 차이를 확률분포로 나타내고, '30분의 차이'가 생길 확률을 조사한다.

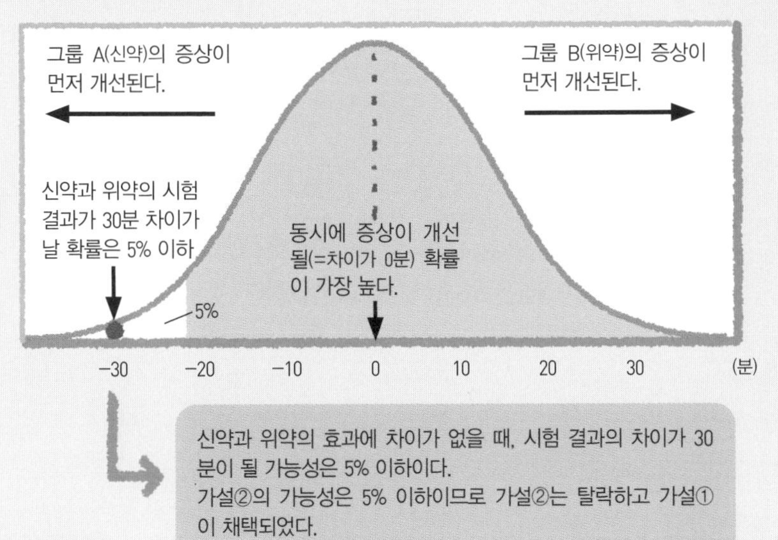

혁신 신약, 개량형 신약, 제네릭 의약품

신약 개발은 매일 계속되고 있지만 한 가지 약을 개발하는 데 9~17년이나 되는 기간과 천문학적 비용이 든다고 한다.

그런 상황에서 탄생한, 특히 획기적인 신약을 '혁신 신약'(first-in-class)이라고 한다. 그러나 혁신 신약은 그리 간단히 개발할 수 없다. 그래서 혁신 신약을 개량한 신약이 개발된다. **그러한 약을 '개량형 신약'(best-in-class)이라고 한다. 혁신 신약과 동일한 약효를 가지며 화학 구조가 비슷해서 me-too-drug라고도 부른다.** 개발 기간과 예산을 줄일 수 있을 뿐 아니라 개량한 결과, 혁신 신약 이상으로 효과가 있거나 혁신 신약보다 부작용이 줄기도 한다.

최근 자주 접하는 제네릭 의약품(복제약)이란 특허가 만료된 약을 동일한 성분으로 만든 약이다. 따라서 신약 이상의 효과는 기대할 수 없다.

힉스 입자가 발생할 확률

가설 검정은 과학 연구 현장에서도 이용된다. **예를 들어 2013년 노벨 물리학상을 받은 '힉스 입자' 발견에서는 힉스 입자의 존재를 나타내는 데이터가 우연히 발생할 확률이 '0.00003% 이하'여야 한다는 결론이 요구되었다.** 그리고 이 기준을 충족시켜 힉스 입자는 99.99997% 이상의 확률로 발생한다는 사실이 증명되었다.

애당초 힉스 입자란 무엇일까? 모든 물질은 잘게 분해하다 보면 원자보다도 작은 '소립자'에 다다른다. **힉스 입자는 소립자의 하나로, 물질에 질량을 부여하는 입자라고 이론적으로 예상되고 있었다.** 1964년에 이론이 발표되고 나서 힉스 입자의 존재를 확인하려는 실험이 반복되었으나 좀처럼 확인할 수 없었다.

그러다가 2012년 7월에 '양자'라는 입자를 고속으로 서로 충돌시켰을 때, 힉스 입자가 생성된다는 사실이 가설 검정을 거쳐 확인되었다는 발표가 나왔다.

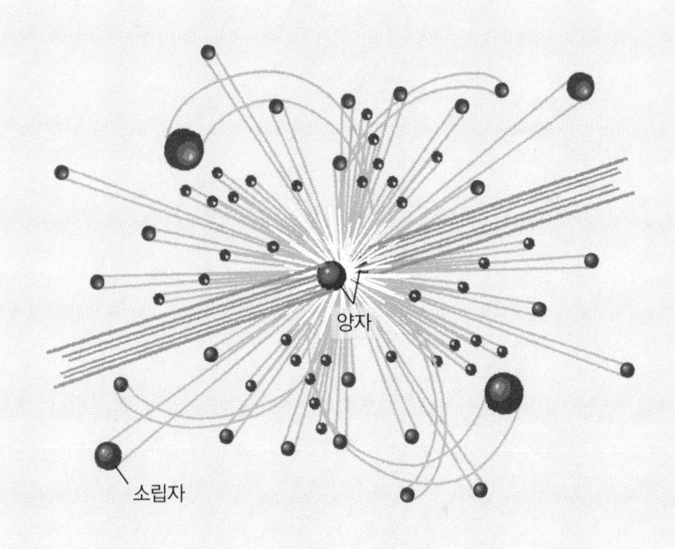

가속한 양자를 서로 충돌시키면 힉스 입자를 비롯해 다양한 소립자가 생성된다.

통계조사에 협력하자!
통계조사는 중요해!!
사회에 도움이 되도록 협력해야지.
잠깐 잘까
새색…
똑똑
계십니까?
통계조사 나왔습니다.
새근
새근
콩콩
드무아브르 씨!!!
쾅쾅쾅
잠

지금은 몇 년?

Staff

Editorial Management 기무라 나오유키
Editorial Staff 이데 아키라
Cover Design 미야카와 에리
Editorial Cooperation 주식회사 미와 기획(오쓰카 겐타로, 사사하라 요리코), 시마다 마코토

일러스트

5 하다 노노카
7 하다 노노카
9 Newton Press, 하다 노노카
12~14 Newton Press
17 Newton Press
19~21 Newton Press
23 하다 노노카
25 Newton Press, 하다 노노카
26 Newton Press
29 Newton Press
31 하다 노노카
32~33 Newton Press, 하다 노노카
35~38 하다 노노카
41 Newton Press, 하다 노노카
43 Newton Press, 하다 노노카
46~47 Newton Press
49 Newton Press, 하다 노노카
51 Newton Press
53 Newton Press
54~55 Newton Press, 하다 노노카
56~57 하다 노노카
59 하다 노노카
60~62 하다 노노카
65 Newton Press, 하다 노노카
67 Newton Press, 하다 노노카
69 Newton Press
71 Newton Press, 하다 노노카
73 Newton Press, 하다 노노카
76 하다 노노카
81 하다 노노카
83 하다 노노카
85~91 Newton Press, 하다 노노카
93~97 하다 노노카
99 하다 노노카
102~103 Newton Press, 하다 노노카
105~107 Newton Press, 하다 노노카
109~110 Newton Press
112~113 Newton Press
115 하다 노노카
117 Newton Press
119 Newton Press, 하다 노노카
121 하다 노노카
123~125 하다 노노카

감수

곤노 노리오(요코하마 국립대학 교수)

별책 기사 협력

곤노 노리오(요코하마 국립대학 교수)
다카하시 게이(군마대학 수리 데이터 과학교육 연구센터 교수)
후카야 게이치(국립 환경연구소 생물 · 생태계환경 연구센터 특별연구원)
후지타 다케히코(주오대학 이공학부 교수)
마쓰바라 노조무(도쿄대학 명예교수)
야부 도모요시(게이오기주쿠대학 상학부 교수)

본서는 Newton 별책 『통계와 확률 개정판』의 기사를 일부 발췌하고 대폭적으로 추가·재편집을 하였습니다.

지식 제로에서 시작하는
수학 개념 따라잡기

통계의 핵심

1판 1쇄 찍은날 2020년 11월 15일
1판 2쇄 펴낸날 2024년 5월 20일

지은이 | Newton Press
옮긴이 | 김서현
펴낸이 | 정종호
펴낸곳 | 청어람e

편집 | 홍선영
마케팅 | 강유은
제작·관리 | 정수진
인쇄·제본 | (주)성신미디어

등록 | 1998년 12월 8일 제22-1469호
주소 | 04045 서울특별시 마포구 양화로 56(서교동, 동양한강트레벨), 1122호
이메일 | chungaram_e@naver.com
전화 | 02-3143-4006~8
팩스 | 02-3143-4003

ISBN 979-11-5871-152-8 44410
979-11-5871-148-1 44410(세트번호)

잘못된 책은 구입하신 서점에서 바꾸어 드립니다.
값은 뒤표지에 있습니다.